智元微库
OPEN MIND

成长也是一种美好

LES MANIPULATEURS SONT PARMI NOUS Édition illustrée

我为什么要听你的

如何与强势的人相处

（图文典藏版）

［法］伊莎贝尔·娜扎雷-阿加　著
［法］索菲·兰布达　绘
胡婧　译

人民邮电出版社
北京

图书在版编目（CIP）数据

我为什么要听你的 ： 如何与强势的人相处 ： 图文典藏版 ／（法）伊莎贝尔·娜扎雷-阿加著 ；（法）索菲·兰布达绘 ； 胡婧译. -- 北京 ： 人民邮电出版社，2022.8
ISBN 978-7-115-59203-3

Ⅰ．①我… Ⅱ．①伊… ②索… ③胡… Ⅲ．①心理学—通俗读物 Ⅳ．①B84-49

中国版本图书馆CIP数据核字(2022)第069195号

◆　著　　[法]伊莎贝尔·娜扎雷-阿加
　　绘　　[法]索菲·兰布达
　　译　胡　婧
　责任编辑　王铎霖
　责任印制　周昇亮

◆人民邮电出版社出版发行　　北京市丰台区成寿寺路11号
邮编 100164　电子邮件 315@ptpress.com.cn
网址 https://www.ptpress.com.cn
北京天宇星印刷厂印刷

◆开本：880×1230　1/32
印张：6.5　　　　　　　　　　2022年8月第1版
字数：120千字　　　　　　　　2025年5月北京第11次印刷

著作权合同登记号　图字：01-2022-0986号

定　价：69.80元
读者服务热线：（010）67630125　印装质量热线：（010）81055316
反盗版热线：（010）81055315

推荐序
FOREWORD

"让你加班是看得起你，多少人想加班都没有这个机会。"

"就你这水平，你这样出去谁会要你，只有我能看到你的特别之处。"

"你做的这是什么东西，小学生都比你做得好。"

……

职场里，这样的话常常出现在领导者口中，一方面，你会为此气愤、委屈，心想对方凭什么这样说自己；另一方面，你也会恐慌、担忧，并且自我怀疑，猜测"领导那么有经验，他说的会不会是真的，我确实很糟糕"。当对方给你一巴掌，再给你一个甜枣的时候，你不免感到庆幸、感恩，告诉自己"我得好好干活，不辜负领导对我的期待"。

你持续感觉到的领导者对你的敌意言语或非言语行为，叫作羞辱管理（abusive supervision）（Tepper，2000）。除了羞辱管理、欺凌、冷暴力、"暴君行为"，都可以用来实现职场管理的一个目的：让你"忠诚"地为之所用。

明显的控制并不可怕，因为你会轻易识破它，从而远离做出这种行为的强势人群。但是很多控制并不那么显著，实施者并不会把凶残和冷酷写在脸上，而是表现出一副热情、体贴、与人为善的样子。他们既拥有冷酷无情、为达目的不择手段的内核，又能够很好地隐藏自己的残酷与冷漠，表现出优雅与热情，让你难以区分这个人是真的为自己好，还是在利用自己。

英国精神病学家凯文·达顿（Kevin Dutton）发现，人格中有喜欢控制他人的品质的人，其职业有一定的倾向，其中控制性最多的人群前三名是 CEO、律师和媒体从业者；而控制性最少的人群前三名是物业管理员、护士和心理医生。

这其实是一件很矛盾的事情：要从事世俗意义上的光鲜职业、成为所谓成功人士，往往不能太重视真情实感，而要像一个工作的机器，摆脱人类情绪带来的扰动，这样才能专注于目标，客观冷静地与职场的竞争对手角逐；相反，像物业管理员、护士和心理医生这样相对小众、在世俗意义上并不出众的从业者，却需要对他人的共情、照顾和帮助，对从业者的情感觉察能力是有要求的。

所以，在职场中，你常常发现，那些雷厉风行、我行我素的领导，会更快地晋升，快速地获取更大的利益，可如果你是一个重感情的人，你往往会不喜欢他们，并因这样的人能够获得更多权力而感到不解和矛盾。

但这其实是我们要接受的一个现实。或许，在很长一段时间里，我们对这个现象很不满：自己一腔热血，真诚地想为他人服务，却总是被现实毒打，在职场里无法获得更多的资源和机会。

著名心理学家克里斯蒂娜·马斯拉奇（Christina Maslach）发现，人们在工作中，会逐渐开始职业倦怠，其中很重要的一个表现叫作"去人性化"。大多数工作要求，会让人变得越来越像一个机器，对同事保持防御，对服务对象越来越没耐心，逐渐对工作的环境和接触的人采取冷漠和忽视的态度。慢慢地，你变得没有动力，像一个"企业睡人"，一来到工位上，就变得麻木，像没睡醒一样，人在心不在。这其中一个很重要的原因在于，你被工作中遇到的这类人所感染，觉得自己不被真诚对待，也无法真诚待人。

不仅在职场中，在感情中，情感控制也很常见。那些害怕失去情感、习惯掠夺他人的人，也会用一些隐性的控制手段，让伴侣感到自卑、脆弱，仿佛失去他就再也无法找到另一半，而他又是那个唯一懂自己、能够给自己支持的人，这让身处其中的人完全无法离开对方，而对方也因此可以随意剥削、评论、贬低，甚至虐待。

有时候，在那些极端情境里，虐待是显著的，包括身体上的和精神上的虐待。自我评价良好的人往往能够一眼识别，从而远离这样的虐待者。不过同样地，在另一些普遍的情境里，控制是隐性的，对方可能打你一个巴掌，再给你一个甜枣，你真切地感觉到，对方好像没有胡说，有那么一些瞬间，你竟然觉得，"他在告诉我一个'事实'——我好像真的很差劲，必须依赖他"。强势的一方会举出相当具体的例子来告诉你："你看，你这都做不好，没有我，你一个人怎么生活！"于是，你对对方的依赖就更深了，敬仰就更多了。

但这样的关系往往是有害的。在这样的关系里，他们并不会让你变得更自信，你也不会获得成长；相反，你变得越来越紧张，越来越小心翼翼，生怕哪天会失去对方，真的变成对方口中那种"一无是处，谁都嫌弃"的人。这种不自信甚至渗透到了生活的方方面面：原本跟你关系很好的朋友，你也担心自己的一举一动会惹恼他们、失去他们；原来你感兴趣的活动，也变得索然无味，你觉得自己根本不擅长那些事情。可是，在你进入这段关系之前，你原本是擅长的！

这段关系究竟是让你发掘了真实的自己，还是把自己给毁了呢？你常常冒出这样的怀疑。你很难做出判断，因为对方会不断把你的思维拉向前者，加深你这个信念：我可什么都没对你做，我只是帮助你发掘了真实的自己。

如果你有过上述体验，那么这本书非常值得一读。它会深入强势者行为的细枝末节，详尽地为你解读其行为特点与心态。

读完这本书，你会非常清晰地了解到，原来一些人某个举动背后，是这样的心路历程啊！

比如，本书提到，在说话的音量上，自信的人和强势者尽管说话声音都比较洪亮，但是有微妙的差别。自信的人说话声音比较响亮，但也会与周围人的音量自然而然地保持协调。但强势者不同，他们会根据自己的目的，故意采用过高或过低的音量。在群体中时，他们会非常大声地说话、大声地笑，音量盖过所有人，从而争夺注意力，让大家都能够明显注意到他们。但在另一些时候，他们会故意使用非常微弱的声音，从而制造一种温柔、虚弱或生病的假象，引起他人的同情、可怜和关注。这种过分提高和过分压低的声音，与情境是非常不协调的，给人很突兀的感觉。

你看，通过这些微妙的描述，你可以在人群中敏锐地识别强势者，进而与他们保持距离。如果这样的人是你的领导、同事，你不得不和他们共事，至少你可以在内心形成一道防火墙，保持清醒的意识，让自己明白：他们那些话只是为了控制，我不必为此多虑。

面对生活中的强势者时，我们要意识到，这是一种特质，它有强有弱。有些人完全将你工具化，纯粹地利用你；更多的人的动机是混合在一起的，有利用的成分，也有部分情感的投入。面对混合在一起的复杂情感，你需要做的是保护自己身心的完整性。当你识别他人的控制特质之后，要学会和他们控制你的那部分保持一定距离。

比如在职场中，你的领导一边打压你、辱骂你，说你一无是处，以你这样的水平从这里出去后根本找不到工作、会流落街头；但另一边又安抚你，说只有他能看到你的独特价值，好好跟着他干，可以保证你越来越好。我想，大多数人听到这两段话之后，多少会生出两种情绪——恐惧与感激。当你觉察这两种情绪时，你要意识到，这是领导试图通过打压你从而达到在情感上掌控你的目的。

意识到这一点后，我们要回到现实层面，真正地反思一下，自己有哪些能力。如果你真的被动摇了，觉得自己很差劲，不妨多和身边的人交流，从支持你的人那里获取一些肯定，找回自信心。当你可以保护好自尊与自信之后，才可以阻隔领导那些打压的评价，把它们当作一种表达的手段，而不是现实。

本书分上下两篇，上篇帮助你识别身边的强势者，解读其行为模式与心理状态，下篇教你提防强势者，避免受到伤害。

本书作者伊莎贝尔·娜扎雷-阿加是一位经验丰富的心理咨询师，自1990年起在巴黎执业，主要从事认知行为方面的治疗和培训，她的洞察和讲述非常细致、准确，让你可以轻松抓住事物的特征，把握与强势者的相处之道。

心理咨询师

曾　旻

2022 年 3 月 17 日

目 录
CONTENTS

下篇 如何提防强势者

引　言
INTRODUCTION

　　很多人认为小说或电影里那些善于利用技巧使他人服从自己的人只存在于文艺作品中，殊不知，这类人其实是现实生活中极为常见的一类人。我们大多数人所遭遇的诸多不良影响和精神创伤，都是他们造成的。他们就是所谓的"人际关系强势者"，我在本书中将其称为"强势者"。

　　我在这里指的并不是广告、销售等领域那些用销售技巧达成交易的人，因为这类人不太会顾虑您①的个人感受。最会危害您心理平衡的是那些利用您的个人原则和价值观达成个人目的的人，您所具备的正当、健康的情绪和情感（比如爱意、善意、同情心、慷慨、热情、团结……）是他们加以利用的基础。与所有的预期和逻辑相悖，强势者总是力图破坏一段亲密关系（首当其冲的便是他们自己与伴侣的关系）、一个家庭、一个专

①　引言是作者直接跟读者对话，出于对作者表达方式的尊重，这里使用敬语"您"。——译者注

业团队或一个社会团体的和谐氛围。

　　本书谈及的强势者，就是那些控制他人思想、情感的人。为了使他人按照自己的意愿行事，他们会无所不用其极。他们会根据不同的情况戴上不同的面具。如果心理操纵的定义是**暗中**引导某人做出这样或那样的行为，那本书探讨的那些别有用心之人想要的远不止这些！他们还想要什么呢？或许这个答案听起来令人惊讶和费解：事实上，强势行为对他们而言是一种需求，甚至是一种极为重要的需求。在干扰或对他人施加影响的同时，他们会瞬间感受到一种力量，由此衍生的个人影响力和优越感会令他们备受鼓舞。他们每天都需要通过这种方式来加强对自我的肯定。

　　《我为什么要听你的》首版于 1997 年上市，后因反响强烈，又多次推出增订本。本书系上述作品的图文典藏版，宗旨是以更轻松的方式向您展示**病态**自恋的表现和影响。在内容上，这本书直奔主题，不像原书那样提供许多冗长的解释。知晓套路是最好的自我保护，所以我希望读者朋友们能够在最短的时间内获取尽可能多的信息。

　　强势者存在于社会的各个阶层。与某些人认为的相反，强势者在男性和女性中所占的比例相当，在老年人和年轻人中所占的比例亦相当。换言之，强势行为与年龄或性别无关。强势者们并不比您更聪明，他们只是更狡猾，并且想法更扭曲……总之，他们需要您、需要我们所有人来成全他们的存在感。为了达到这个目的，他们会使您遭受不容小觑的负面影响。通过学习识别强势者及其手段的各种技巧，您可以更有效地避开或摆脱这类损耗您精力的"有害"人群。

上篇

强势者长什么样

第一章

强势者的 6 种类型

强势者的目的是在他人浑然不觉的情况下，对他人施加影响。为达到这个目的，不论是男是女，他们都会使用一些微妙的手段。首先，他们会戴上一张社会大众可接受的"面具"。其次，他们善于随心所欲地变换自己的虚假面孔，根据对象、场合或预期目的来把自己隐藏在不同的人际关系面具之下。

伪善型

这种类型的人最常见也最危险，因为他们懂得利用和善的假面具来完美地隐藏自己的真实意图。他们面带微笑，性格外向，很好相处，必要时还会表现出认真聆听的样子。他们滔滔不绝，话题信手拈来。他们会采取跟你一样的立场：你的态度会自然而然地成为他们的态度。他们会让你觉得他们活得自在从容，以至于你会想变得跟他们一样，并且希望得到他们的青睐。说到这里，你有没有发现：我们更容易答应一个令我们有好感的人的愿望和请求？同理，拒绝朋友通常比拒绝陌生人更让我们为难。鉴于此，大多数强势者会利用这个简单的道理来增强自己对他人的影响力。

明辨真伪

真正和善之人与伪善型人的区别就在于，当你挑战后者的权威或领域时，后者会立刻"变脸"。伪善型人在遭到拒绝后会阴阳怪气，即在言语上冷嘲热讽、咄咄逼人，甚至充满恶意。他们会跟你赌气，不理睬你，不给你打电话，不再通知你重要的事情，故意封锁信息。你本以为自己结识了一个热情友好的朋友，可瞧瞧对方现在又是怎样一副嘴脸呢？总而言之，这种类型的人并不比其他强势者更能容忍负面评论或指责。

诱惑型

这类人往往拥有迷人的外表。他们身上散发着我们常说的"魅力"。他们的衣着、配饰和个人物品（珠宝、私家车等）进一步凸显了他们的形象优势。他们会直视对话者的眼睛，提出一些可能会令对方觉得尴尬的问题，而他们自己则会以拐弯抹角的方式去回应各种提问，从而保持自己的神秘气质。他们会从别人那里获取想要的东西，但除了奉承，不会给予别人任何回报。从他们口中说出的溢美之词并不一定是他们的肺腑之言，但这对他们来说是一种施展影响力的有力武器。毫无疑问，他们已经熟练掌握了取悦对方和让对方迷恋自己的所有技巧。

你真是太让我惊喜了！我从来没有遇见过像你这样的女孩。

明辨真伪

要想将诱惑型人与真正有魅力的人区分开来，其实有一个很好的参考标准，那就是其行为的持久度。诱惑型人一旦得到了他们想要的，便会收回自己对对方的殷勤态度、绅士风度以及体贴和关注。

"利他"型

　　即使你不提任何请求，这类人也会为你提供一切：他们什么都给你买，什么都为你做。不过，这些都建立在"礼尚往来、互利互惠"的社会原则之上。他们深谙这一点：既然从别人那里得了好处，那就必须偿还这笔人情债。举个例子，如果有一天你需要用钱，而这类人把钱借给了你，那么在未来的某一天，他就会要求你帮一个"小忙"：把他借给你的钱数，双倍借给他。是的，你没有听错！

你现在跟我说不能帮我，可是当初你需要帮忙的时候，我并没有推辞，不是吗？

明辨真伪

与真正的利他主义者不同，此处所指的"利他"型人虽然一开始会送你礼物、为你付出时间或提出一些在当下为你提供方便的建议，但最终他们会以或含蓄或直白的方式，要求你替他们办一件困难得多的事。

"学霸"型

　　这类强势者不论男女，都可能将自己伪装成一个特别有学问的人。对于那些不具备相同学识的人，他们会隐晦地表现出轻蔑的态度。在谈到一些很少有人了解的高深话题时，他们会对你的无知感到惊讶。他们总是用一种理所当然的语气来表达各种观点。他们会提及一些姓名、日期、地点，但又不做进一步的解释。尽管你很渴望从他们那里学到点什么，但他们会任由你堕入迷雾之中。他们的语气和说话方式会给人一种学识渊博的印象。于是你会觉得他们特别聪明，以至于都不敢向他们提问了。要是你真的向他们提问，而他们不知如何回答，他们可能会表现出惊讶、不悦，或者找理由搪塞过去。若他们正好了解问题的答案（当然，他们也可能会不懂装懂），他们便会扬扬自得地垄断话语权，以卖弄自己的一套理论。

那当然，众所周知……

明辨真伪

"学霸"型人与真正有修养、有学识的人的主要区别是：后者绝不会令你觉得自己愚蠢或没文化。至于前者，他们会反复强调那些能够增强其权威感的因素（如他们的年龄、经验、文凭、世俗观念下其从事的高级职业等），并希望利用他人的无知来施加影响。不过，假如他们谈论的是一个你了如指掌的话题，那你很快就会发现他们说错或说谎的地方。相反，如果你对该话题一无所知，那你自然无法看出他们的破绽。

"羞怯"型

　　这类人可能伪装成一副羞涩、胆怯的模样。因此，我们很难识别他们。他们在群体中很低调，很少说话。他们会沉默，用眼神来评判他人。当你需要他们做出解释时，他们又不发表意见。他们的存在可能会令在场的人感到压抑，他们也可能被完全遗忘。"羞怯"型人通常是女性。在公共场合，她们表现得十分谨慎，甚至有些不安。她们会给自己披上一件柔弱、顺从的外衣。但私底下，她们会利用自己的配偶或同事来向目标人物传达自己的想法或意见。在这么做的同时，她们也使传话者不由自主地赞同了她们的立场。

> 虽然我当面什么都没说，不过说真的，他们这帮人简直无聊透了！

明辨真伪

　　"羞怯"型人与典型的害羞被动者的区别就在于，前者会在背地里评头论足、搬弄是非，进而制造不和或引发猜忌。他们嘴上说讨厌冲突，但暗中却在煽风点火、挑拨离间。人们很难想象他们会是尴尬气氛的始作俑者，然而事实就是如此。与"羞怯"型人不同，真正的害羞者或社交恐惧者会尽可能地在人群中隐藏自己，避免受到关注，而且他们是真心厌恶冲突，所以不乐意对其他人或事妄加评价、发表看法。

专制型

    这类人通常很容易识别。他们的批评、指责和行为往往充满暴力。当他们需要你帮忙时，便会说一些恭维的话。一般情况下，他们不会赞美别人，反而常常表现得盛气凌人、专横霸道，言语之间毫不客气。周围的人都畏惧他们。尽管如此，他们仍然可以顺利得到他们所需的一切，这主要归功于他们身上散发出的威慑力。人们经常把他们描述成个性很强、很难相处的人，却很难意识到这其实属于操纵行为。

    这类人可能存在心理异常的情况。也就是说，他们知道自己刻薄寡情、独断专横，但并不觉得这在道德层面上有什么不妥。他们深信，在职业或个人发展方面，情感上的弱点是一种无法想象的缺陷。对其他人的想法、感受、经历，他们根本不在乎。对他们而言，人类不应该成为自身情感或情绪的牺牲品。与那些戴着和善、魅惑、羞怯、利他主义面具的人不同，这种专断独行的强势者还是很好辨认的。

各种类型的强势者的一个普遍特征是，他们会频繁更换"面具"。具体而言，他们会根据在场的人的身份改变自己说话的内容，甚至举止。举个很常见的例子，拥有这类特质的女性在接听电话时总会自然而然地改变自己的语调——她们的声音会突然变得很尖锐、很有女人味，打招呼的"喂"字会拖得很长，而且她们会在谈话过程中时不时地插入一些做作的笑声。一到公众场合，她们的态度则会发生翻天覆地的变化。

ALLôÔôÔ

喂——

强势的人需要公众对他们有好印象，这为他们在观点和态度上产生的变化提供了一种解释。有时候，只有他们的家人才能察觉这些变化。除非与这些人有过亲密接触，否则连心理医生、律师、警察、法官等专业人士都会被误导。我有一位患者，她的丈夫性格强势，可她未能向她的朋友们诉说自己遭受的不合理对待，因为没有人会相信她。大家总是用羡慕的语气对她说："你丈夫人也太好了吧！那么体贴，那么会社交，对谁都笑脸相迎。你能找到这样的伴侣，真是幸运！"在这种情况下，她怎么能告诉她们他在家里其实是个不折不扣的"独裁者"呢？由此可见，强势的人很擅长利用自己阳光、积极的一面去迷惑公众。对他们而言，这种伪装简直易如反掌。

HA HA HA HA！

哈哈哈哈！

比变色龙还能装

　　强势的人能够模仿自己并未体验到的情绪状态。根据相处的人、所处的时刻以及需要掌控的场合，他们可以毫不费力地表现出喜悦、热情、同情、悲伤等情绪，甚至能够流下真的眼泪。不过，一到公众看不见的地方，他们就会立刻恢复面无表情的状态。他们摘掉面具的速度之快，常常令有机会目睹这一幕的人感到不安。

第二章

如何识别身边的强势者

正如我们在前一章里所看到的，强势者的伪装形式是多种多样的。事实上，他们可以随心所欲地变换面具：从和善热情到蛮横专制……这就是我们很难识破他们的原因。为了使自己免受伤害，你必须非常了解哪些特征可以将这类不怀好意之人与其他人区分开来。此外，你还需要时刻保持警觉，留意这类人是否在场或其态度给你带来何种感受。

不要关掉你头脑里的探测器

除了我们稍后谈到的一系列特征，若你能对某些信号保持敏感，那将格外有助于你揭开强势者的面具。就像时刻处于戒备状态的烟雾探测器一样，你头脑中的"强势者探测器"也应随时保持开启状态。为了辨别面前的人是不是强势者，你需要留心下面这些迹象。

相信你的第一印象

强势者在场时会带给你一种奇怪的感觉，类似于不自在的感觉……尽管面前的某个人笑容满面，看上去热情友好，但许多人都能在一开始时觉察异样。表面一切正常，但内心总觉得哪里不对劲。正因如此，你头脑中的探测器才会拉响警报。

我们在面对陌生人的时候，也经常会产生这种令人尴尬的不适感。既然这样，我们该如何判断面前的是正常人还是病态的强势者呢？一般来说，即使是腼腆内向的人，在与普通人接触一段时间后，也会觉得拘束感有所减轻。相反，若你面对的是一个时时都想主导局面的人，那么这种局促不安的感觉丝毫不会减轻！

尬聊预警

观察对方的说话方式，如果他令你产生了不适感，请不要忽略这种感受。也许你只需与面前的这个人相处几小时而已。在这种情况下，请不要向他透露你的个人联系方式，否则这类人很可能会来骚扰你。

听取周围人的意见

你的家人、朋友或一些好意关心你的人是否向你指出，你与某个人开始接触后，你变了，变得跟从前不一样了，而且你与他们的联系变少了？不要忽视他们的警报信号——他们也具备值得你信赖的"探测器"。

把你的情绪状态当作晴雨表

与不怀好意的强势者长期接触会令人产生内疚、暴躁、焦虑、恐惧或悲伤的感觉。这些感觉会在经年累月中不断累积，变得越来越沉重。你是否正在逐步否决自己的成功策略和自我实现计划？你是否感觉精神上不那么自由了？而且行动自由也减少了？晚上回到家以后（假设强势者在职场中），你是否会继续琢磨白天发生的事，并把这些事说给你的伴侣听？这些表现都清楚地揭示了你的情绪状态，千万不要忽视它们。

他让我身心俱疲。

他把我所有的精力都耗尽了。

每次接完他的电话，我的心情都会变得很差，情绪很低落。

他在我耳边不停唠叨，简直要把我逼疯了。

留意你的健康状况

百分之九十的人很容易受强势者的影响。与一个"有毒"的人在一起的第一个症状就是焦虑。你会反复思考同一件事吗？你是否难以入睡？也许你平时睡眠很好，但最近总会在夜里醒来好几次？你的一些健康小问题（如消化系统疾病、皮肤病、偏头痛等）通常都控制得很好，可是最近却有复发的迹象？你陷入抑郁状态了吗？

如果你在与身边某个人相处时感到这些不适，那说明你们的关系出现了问题。问题产生的直接原因不一定在你，看清其中的是非对错很重要。**这类居心叵测之人都是"能量吸血鬼"，也是人际交往中最会制造压力的人，这是不可否认的。**请鼓起勇气坦诚地审视自己的健康状况，哪怕你暂时还不明白情况为什么会恶化。

强势者的 30 项特征

根据多年的医疗实践经验以及对数千名受害者亲身经历的观察，我从强势者身上总结出 30 项特征，并把它们罗列在一张清单[①]中。这张清单将帮助你快速识别那些潜伏在你身边的强势者。值得说明的是：任何强势者，不论是男是女，年龄几何，都可能具备清单中的某项特征。

要将一个人定义为强势者，那他必须具备 30 项特征中的至少 14 项。低于这个数字，那他应该是一个在你看来控制欲有点强的人，并未达到病态控制的程度。要知道，绝大多数强势者都具有 30 项特征中的 20 多项！能够对现象下定义，就表示拥有了辨别力，而拥有辨别力是认清事物本质的第一步。

---

① 该清单首次发表于《我为什么要听你的》（*Les Manipulateurs Sont Parmi Nous*）一书中，本书是其图文典藏版。

强势者的特征

（1）以亲情、友情、爱情、职业道德等为由来使他人产生负罪感。

（2）把责任转嫁到别人身上，或推卸自己的责任。

你可以替我搞定这件事吧？毕竟我是你的亲妹妹呀！

要是连你都不能帮我照顾猫咪，那我该怎么办呢？

（3）不明确说出自己的要求、需求、感受和意见。

（4）回答问题时往往很含糊。

你问我去哪儿？
哪儿清净，我就
去哪儿……

（5）会根据对象或场合来改变自己的观点、行为、情绪。

（6）会找一些看似合理的理由来粉饰自己的要求。

（7）让其他人认为他们应当是完美的，应当无所不知、从
不改变主意，让对方认为自己应立即回应要求和提问。

（8）质疑他人的品质、能力、性格，而且会不露声色地评
　　论、批评、贬低他人。

> 你丈夫在挑错礼
> 物这方面可真是
> 个人才……

（9）委派他人或通过其他途径传递信息（比如打电话或留
　　字条，而不当面交流）。

> 哦，对了，你跟克拉拉
> 说一声，她递上来的文
> 件质量真的很一般，下
> 次得加把劲了！

（10）挑拨离间，制造猜疑，使他人产生分歧，从而更好地
　　　干涉他人。可能导致亲密关系破裂。

你还不明白吗？你那个所谓的"闺密"是为了从你身上捞好处才跟你做朋友的。

（11）很擅长把自己描述成受害者，故意装可怜，以博取同
　　　情（如夸大病情或工作量、抱怨身边的人难相处等）。

哎呀，可你毕竟没有切身经历过呀！你不知道跟无能的人一起工作是怎样的感受。我可是每天都在受这种罪！

（12）对别人的请求置之不理（尽管曾承诺会着手处理）。

你以为我不知道该还你钱吗？拜托，你别来骚扰我了！

（13）利用他人的道德准则来满足自己的需求（援引人道主义、慈善公益、"称职"或"不称职"的母亲等概念）。

所谓幸福，就是真正地去为别人着想！

（14）会变相威胁或公然要挟。

你刚到公司，我劝你别忘了，你的未来掌握在我手里。

（15）在交谈过程中彻底转变话题。

（16）回避谈话或聚会，或设法从中脱身。

（17）利用别人的无知，使别人相信自己的优越性。

（18）会撒谎。

（19）用假话套取真话，歪曲事实，添油加醋。

什么？你周二不能陪我吃晚餐？得了吧，我看出来了，其实你是不想见我……

（20）以自我为中心。

（21）哪怕身为父母或配偶，也还是会嫉妒子女或伴侣。

就这种类型的工作，他们能给你开出这么高的薪水？反正我觉得挺可疑的……

（22）受不了别人的批评，并且会否认某些事实。

（23）不会顾及他人的权利、需求和愿望。

（24）常常等到最后时刻才提要求、下命令，或叫他人行动。

今年夏天我到你们那里去度假，好不好？回头我再通知你们具体的日期。

（25）说出的话听上去很合理、很有逻辑，但其态度、行为
或生活方式与其说辞背道而驰。

（26）会说奉承话来讨好他人，会送礼物或突然对他人关怀
备至。

（27）会制造尴尬的气氛或令他人产生不自由的感受（这是他们设下的陷阱）。

（28）在达到自己的目的这件事上很有效率，却常常因此损害别人的利益。

（29）让别人做一些他们不太会自愿去做的事。

（30）即使不在场，也经常成为认识他的人之间谈论的话题。

强势者的"DNA"

强势者之所以爱干涉、影响人，是因为他们没办法不这么做。这是他们的一种防御机制，他们往往会在无意识的情况下开启它。与某些人想象的相反，他们并不自信。因为一个"自信果敢"的人能在不贬损他人的前提下，根据自己可能要承担的风险，明确而真诚地表达自己的意见、需要、请求、感受或拒绝。

缺乏自信心

无论外表如何，强势者骨子里其实是不自信的。**我们可以将他们比作溺水者。**"正在下沉"的人因感到自己即将滑向水底、虚空、死亡而恐慌，为了求生，他们会拼命将身体倚靠在前来救援的人身上，对他们而言，周围人只是他们借以浮出水面的"救命稻草"。只有借助别人的力量，他们才能呼吸、生存、存在。他们坚信自己比别人更优越，但这其实是一种自我欺骗。

总是通过与他人比较来建立自我价值感，
并且不怎么尊重他人

换句话说，他们不会考虑亲属或陌生人的权利、需求和愿望。他们真正在意的只有他们自己。通过习惯性地插入别人的对话，并成为讨论的主导者，他们自以为比所有人都更有吸引力。无论谈论的是什么话题，他们总想证明自己是对的。不管之前与别人达成了怎样的协议，他们都可能在最后一刻改变计划。尽管他们承诺会提供帮助，但往往不付诸行动。不止这些，他们还会以或委婉或直白的方式强迫他人接受自己的观点。

极度以自我为中心

　　每一次谈话，他们都试图将进行中的话题与自己建立联系，无论这种联系有多么牵强。假如某人提出的话题让他们实在找不到与自己的联系，那他们就不会听下去了。他们无法忍受自己以外的人成为关注的焦点。在这种时候，他们会感到无助、焦虑、无力，并会千方百计地吸引大家的注意。短短几分钟的工夫，他们就能设法转移话题，或分散同伴们的注意。

Moa! Moaaa!! Moaaaaa!!!...

我！
我——我！！
我——我——我！！！

除了"羞怯"型，其他类型的强势者都倾向于垄断话语权。即使你对他们讲的内容提不起热情，他们也照样会滔滔不绝。大家看到的、听到的全是他们！他们不仅占据自己的空间，还会侵占你的空间。你对他们而言根本微不足道，但他们往往还是会对你客客气气的，不会把内心的想法表露出来。他们如此迫切地需要被认可，以至于他们甚至会大声地赞美自己！

把时间和约定当儿戏

强势者几乎总是等到最后一刻才采取行动，因此，他们经常迟到，但不会为此致歉。在最后时刻改变主意这种行为似乎并不是他们提前计划好的。事实上，他们总是以自己的利益为准绳，冲动地对即将发生的事件做出相应的调整。因此，他们会忘记自己的承诺，更改自己的决定，甚至爽约。他们自己的需求会变得格外强烈，以至于你不接受的话，他们会恼羞成怒。

以下三点或许可以解释他们爱临时变卦的原因。

（1）他们忘了，却又不想承认。为了保持自己的完美形象，他们更愿意撒谎，或把错误归咎于其他人或其他事。

（2）他们致力于满足自己的需求，所以他人的需求就被排到第二位甚至可以忽略不计。总之，他们的自我中心主义又在作祟了。

（3）对他们而言，在最后时刻变卦也是一个防止别人提出反对意见的好办法。事发突然，别人难免措手不及，很有可能失去拒绝或协商的机会。

小心圈套

在一开始提出请求时，强势者会向你描述一个你自然而然就会接受的情境。然而到了最后一刻，对方会突然改口，表示起初说好的某些条件不能兑现了。可你已经答应了对方，不好意思反悔，于是只好接受这个新的情境。假如强势者一开始向你描述的就是最终版本，那你是断然不会接受的。这就是心理学上的"依从诱导策略"。他们经常滥用这一策略。

对别人的请求充耳不闻

即使声称会认真聆听你的请求,他们也不会真正重视它们;尽管嘴上说赞同某些规定,但他们行动上不会遵守。

你有没有注意到:尽管你还在三番五次地帮他们的忙,但你不再找他们帮任何忙了。可能因为你已经意识到了:一旦你找他们帮忙,他们就会在事后觉得你欠了他们许多,并要求你加倍偿还。你的想法是对的!

会把自己的想法强加于人

强势者会采用一种理所当然的口吻,把自己的观点说成是显而易见、毋庸置疑的事实,以迫使对方接受。他们会干涉你的隐私,他们理直气壮,坚信这是为你着想。他们只需从他们的角度分析事件,就能引导你做出他们希望你做出的决定。强势者看似对任何建议都持开放态度,但骨子里受不了别人违逆他们。有时候,他们的理由听起来非常符合逻辑,以至于你自己也被他们的思路绕进去了,于是不得不屈服于他们的欲望和世界观。他们使你以为你掌控着自己的生活,可以自由地做选择，但终有一天，你会带着对这些表象的疑虑睁开眼睛，看清他们的圈套……

我当然不同意你们结婚！她明显是冲着咱们家的钱来的！

缺乏反思能力

当你指出强势者前后矛盾的地方时，他们会激烈地否认！即使有若干见证者可以为此作证，他们照样会否认到底，仿佛持有错误的观点或做了错误的决定会证明他们的无能，进而显示出他们的不完美。他们无法忍受丝毫质疑；在极端情况下，他们甚至会变得极具攻击性。无论什么时候，**他们说话的语气都格外坚定**。如果没有其他见证者在场，你说不定就会陷入自我怀疑:"我那时真的没有领会错吗?"这时候,他们会毫不犹豫地告诉你,你确实误解了他们之前的话,而且还出奇地镇定。这也表明,不管在什么情况下,强势者总会把自己说成是占理的一方。

你对我的话有误解。

你根本就没认真听我说话。

真不知道你是从哪儿听来的。

你没有听明白我的意思。

另外，强势者还会谈论一些他们准备"在条件允许时"实施的宏伟计划……有时候，他们会承诺尽最大的努力去实现你的梦想，但永远不会兑现自己的诺言！当你为此责备他们时，他们就会出尔反尔，让人以为他们从未应允去做这样或那样的行为。

换言之，尽管强势者的言辞听起来合情合理或合乎逻辑，但他们的态度、行为或生活方式却与之截然相反。别忘了，一个人嘴上说的不一定都是真的！

我一定竭尽所能，让你住上梦想中的房子。我只是需要点时间……

不会为自己的言行道歉

强势者不会为自己的迟到道歉，也不会因为他们背弃了自己说过的话或做过的郑重承诺而请求原谅。假如你向强势者指出他们的不当言行（言而无信、推卸责任、不尊重他人的安排、一再令你失望等），他们总能找出一堆自以为很好的借口，帮助自己开脱罪责。最常见的理由是"工作太忙了，抽不出时间"或忙着替别人办事，抑或被某人、某事耽搁了（"他们一直拖着不让我走""你住得太远了。我途中绕来绕去，结果走错路了"）。为了避免向他人解释或道歉，他们还会撒谎，或说出那句老掉牙的"咱们必须互相信任"……

扯谎专家

假如你善于观察一个人的非语言行为，那在对方说出谎言的那一刻，你应该就能识破。可是强势者似乎深信自己从未改口——对于修改后的说辞，他们坚称自己一直都是这么想的，也一直都是这么说的。他们好像并没有意识到自己在撒谎。正因如此，常人很难识破他们的谎言，有时就连心理专家也不能识破。

破译强势者的行为暗语

与人交流时，我们最常使用话语和手势。话语涉及信息的"内容"，属于口头交流，而眼神、手势、态度、语调、面部表情涉及信息的"形式"，它们就是所谓的"非语言交流"。沟通质量的好坏，百分之八十取决于说话者的手势、语调（音量大小、语速快慢、声调高低）、目光（是否看向对方）、眼神（传达何种情绪）、呼吸（叹气次数）、身体姿态、肌肉紧张度、空间占用度以及微动作。经过观察，研究者总结出强势者身上的7项非语言行为特征。尽管每个强势者都想隐藏自己的情绪和意图，但其语言范畴以外的行为表现却可能出卖他们。只要留心观察，你必能看出其中的破绽。不过，你也得注意掌握分寸，以免过度解读他人的肢体语言。

面部表情
- - - - - - - -

强势者试图完美掌控其内在情绪的外在表现。无论这种情绪是消极的（愤怒、嫉妒、焦虑、尴尬、痛苦、恐惧）还是积极的（喜悦、热情、满足），他们都不愿暴露自己的真实感受。在任何事情面前，他们都会表现出一副不为所动的样子。那些在家中或工作中成天接触强势者的人可以观察到其内心感受与外在表现之间的差别。比如，强势者在把访客送走并关上门的一刹那，其面部表情会立刻发生变化：适才在访客面前，他们明明还满脸堆笑，然而当身边只剩直系亲属时，他们瞬间就会沉下脸来，甚至露出嫌恶的表情。不过，刚离开的访客自然是察觉不出这些的，他们可能还觉得强势者特别热情友好呢！

目光

　　根据场合或所戴面具的不同，强势者的目光要么是回避躲闪的，要么是霸气逼人的。一个健康自信的人会与对话者保持良好的眼神接触。具体而言，他们在说话或倾听时，有百分之六十的时间会看向对方，他们既不会躲避他人的目光，也不会过久地直视对方的眼睛。而强势者则恰恰相反。

倾听方式

强势者惯于采取所谓的"敷衍式倾听"。也就是说，当你跟他们说话时，他们会看向别处或做其他事情。这种信息接收形式是带有挑衅意味的，它会令说话者感到尴尬、不自在，进而不想再说下去，或令说话者觉得受到了干扰，以至于变得结结巴巴。此外，这种心不在焉的倾听态度常常会令说话者感觉自己受到了轻视。

我们每个人偶尔也会不自觉地采取敷衍式倾听，但强势者不同，对他们而言，这是他们优先选用的一种沟通方式，也是一种策略。他们想让你觉得你说的话无关紧要，甚至你这个人根本不重要。

说话音量

自信的人通常说话声音比较响亮，但也还是会与周围人的音量自然而然地保持协调。换言之，他们会根据周遭环境的嘈杂程度来调整自己的音量。但强势者不同，他们会根据自己想要对倾听者施加的影响，故意采用过高或过低的音量。在群体中时，他们往往会大声说话、大声笑，音量高到盖过所有人。在其他情况下，他们会转而使用微弱（甚至几乎难以听到）的音量来营造一种温柔、脆弱、虚弱或生病的假象。

语调

说话者使用的语调承载着加密的非语言信息，这些信息可以被使用同一种语言、来自同一种文化的倾听者完美破译。因此，语调在很大程度上影响接收者对信息的理解方式。举个例子，如果你在强势者面前称自己不了解某件事，那对方可能会惊叫道："啊？你竟然不知道！"通过升高音调，并着重加强"啊"或"道"字，他们意在表现出惊讶的情绪，进而使你觉得自己很蠢。

身体姿态

强势者的身体姿态往往与其他人不同。尤其在一个群体中，他们可能表现得过分积极踊跃，也可能正相反——消极被动，完全没有参与感。这可以从他们的身体紧张度看出来。比如，在会议或研讨会开幕时，可能只有他们会呈现一种完全松弛的姿态，一种与此类场合格格不入的状态。在群体中，大家都保持协调一致的身体姿态，只有一类人除外，那就是强势者！他们的身体姿态在群体中总是显得很突兀、很不和谐。因为他们追求的是与众不同、特立独行。

手势

　　强势者的手势是灵活多变的。他们可以根据自己期望造成的效果或对话者的弱点来表现其自信、被动或具有攻击性的一面。因此，他们有时会配合自己的话语，做出一些令人放心的手势（握手时保持手部力度，同时伴有微笑和夸张的欢迎词，或把手搭到对方的肩上）。在其他时候，他们则可能做出一些充满敌意和威胁性的手势（用拳头敲打桌面、用手指指着对方）。在某些时刻或在某些对话者面前，一些强势者会因无法控制自己的焦虑而做出过多或过少的手势及动作，他们会摆动手指、频繁清嗓子、遮住嘴巴、收缩颌部肌肉。

为什么是他

　　为什么强势者要做出上述行为？这些行为的起因是什么？答案仍是个谜。思考这些问题只会使你做出一些主观判断，进而得出错误的推论，而且还会破坏你的好心情！你有这份精力，不如将它用在别的地方。你可以试着进一步了解强势者使用的手段，从而锻炼识别他们的能力。

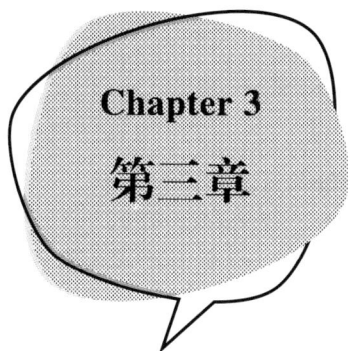

第三章

莫名其妙的负罪感

令他人产生负罪感是强势者常用的一种手段。他们会把一项责任转嫁到对方身上，指望对方感到愧疚。在这种感受的驱使下，受其影响的人会做出一些对其有利的态度和行为。频繁使用该手段会产生破坏性的影响。有时候，强势者甚至会为一些想象出来的错误而指责你。

危险的手段——使他人感到愧疚

动不动就赌气

为了使你感到内疚，强势者经常会生闷气，而且每次都持续很久。于是，你会开始反思自己究竟做了什么不可原谅的事，以至于对方都不再搭理你了……

把传统道德观当成普遍真理并加以利用

为了得到你的帮助，但又不让这件事看起来像一种请求或要求，强势者或许会这样对你说："我可真倒霉，车又出故障了。上个礼拜是汽车蓄电池的问题，不过幸好有我的邻居主动提出帮我修。他可真是个慷慨、热心的人。说到底，朋友之间互相帮忙也是很正常的事……"假如你是一个很容易产生愧疚心理的人，那恐怕不等对方开口，你就会主动提出帮忙，也不管这么做是否会打乱你原来的计划。因为只有这样，你才算得上是一个"慷慨""热心"的人，就像那位邻居一样。你认为，至少在此刻，你获得了对方的认可。然而，你有所不知的是，强势者对那位邻居的看法随时都可能发生变化！

滥用夸张的字眼

"你竟然抛下我不管""我牺牲了自己才……""自私鬼""没良心的""我都一把年纪了……""你该抽空留意一下……""暴力狂""你总是……""你从不……""太恐怖了""太残酷了"——这些都是强势者为使你对某种情况感到内疚而可能说出的话。

认为他人的欲望都不合理

　　强势者会让你觉得自己的欲望及由此做出的决定都是自私的，而且显得冷漠和忘恩负义。你一下子就成了他们不幸的罪魁祸首，就好像他们的幸福取决于你。

你要外出度假一个月？那我和你妈妈该怎么办？你不管我们了吗？

胡乱使用"自我牺牲"的概念

哪怕是为别人做了多么微不足道的事情，强势者都会放大其重要性，并会毫不犹豫地让当事人知道，而且还会将其讲给陌生人听。这样一来，他们便为自己塑造了一个慷慨无私的完美形象。他们会让你相信，你欠了他们许多！而且他们一有机会就会把这种观点说给其他人听。值得一提的是，"自我牺牲"的概念是强势者经常使用的撒手锏。为了自圆其说，他们甚至不惜撒谎和歪曲事实。

我之所以没早点跟你爸离婚，都是因为你。天知道他让我受了多少苦！

我不讲你心里也应该有数。要不是有我在，你怎么能安心去度假呢？要知道，我本来已经很累了，还要帮你……

抱怨过后又叫人别把刚才的话当真

强势者对大事小情（政府、税收、糟糕的个人健康状况、疲劳、孤独）都满腹牢骚，但在抱怨的同时不一定会明言自己需要帮助。他们知道如何引导他人对自己产生同情，进而使自己得到照顾。为了让人相信他们无意强迫他人为自己做这些，他们会收回自己刚才说过的话。举个例子，一个控制欲很强的母亲因为无法忍受孤独，向打算外出的女儿表达了自己的不安，可就在女儿准备放弃外出时，这位母亲又佯装弥补道："不用在意我，出去玩吧！你有你自己的生活。"然而现在说这些已经太迟了。无论最后出不出门，她的女儿总会感到内疚。

颠倒因果

为了在发生问题时规避所有的责任，强势者会本能地把问题归咎于你。但更多时候，明明是他们先挑起的事端，是他们先不尊重人，先说了刻薄难听的话，先用讽刺或挖苦的言语来激怒你。你的反应只是这一系列挑衅行为的结果。然而强势者却想让你相信：你的反应才是争执的根源。因为这样一来，他们就可以理直气壮、顺理成章地指责你暴躁易怒。他们会拐弯抹角地刺激你，让周围的人都看不出他们的意图。和他们的挑衅一比，你的反应更明显、更直观，往往更不容易得到理解。

你这个人呀，总是遇到一点小事就炸毛！别人一句都说不得！

混淆黑白

强势者颠倒黑白的能力简直令人瞠目结舌。假设某天你不想再无限度地慷慨下去了，比如你想收回自己借出的一个东西，他们就会表示强烈不满，并突然用"小气""无情"，甚至"恶心"这样的字眼来形容你。明明东西是属于你的，你借给对方是出于好心，你发扬了乐于助人的良好品格，可到了最后，受指责的人却是你！这个逻辑很荒谬，不是吗？平心而论，你们两个究竟谁才是"无情"的那一个？

打出"双重束缚"这张王牌

强势者可以通过制造一种叫作"双重束缚"（double bind）的情境来使他人产生负罪感。他们会同时发出两个相互抵触的指令，使他人在服从一个指令的时候不可避免地违反另一个指令。"双重束缚"策略并不是强势者的专利，我们偶尔也会无意识地将身边的人置于一种两难的境地。不同的是，强势者往往会滥用这一话术来达成自己的目的，比如，妻子一边鼓励她的丈夫要有事业心，要努力获得高收入，一边又抱怨他陪自己的时间不够多，因为他工作太忙了。这对丈夫而言是一个艰难的决定：到底该服从哪一个指令呢？无论他做何种选择，他的妻子都不会满意。这个丈夫能做的，是试图划定"过度"和"不足"之间的界线，但这也是枉然。因为在强势者看来，你怎么做都是错的！

瞧，你这个礼拜的换洗衣服我已经洗干净并熨烫好了，我把它们连同一些吃的都装进袋子里了。

　　强势者可谓自相矛盾界的翘楚，而"双重束缚"是他们频繁使用的诸多悖论式操作之一。他们的目的是迫使你按照他们的意愿行事。

挣脱"双重束缚"

为化解"双重束缚"带来的困境，你可以询问对方，明确在他发出的两条相互矛盾的指令中，他更看重哪一条。这样一来，你便向对方表明你没有中圈套，而且他不能随心所欲地指挥你。请记住，理性是你的主要防御工具！

我们在某些时刻都多多少少会产生内疚感，但如果你很容易无缘无故有这种感受，那强势者就会抓住这个弱点肆无忌惮地利用你。为了使自己不再因为愧疚感泛滥而成为受害者，你不妨经常问问自己：你有没有故意伤害他人？如果答案是否定的，那就不要再感到内疚了。你无法对这世上所有的不幸负责，不是吗？

Chapter 4
第四章

无中生有的"悲惨"

强势者（其中不乏一些外表有魅力的人）会故意摆出一副受害者的姿态，以激起他人的同情和怜悯。

像我们每个人一样，强势者也会经历一些我们并不否认的艰难考验，但与我们不同的是，他们会向周围人倾诉一些无中生有的困难。

危险的手段——装可怜，博取同情

抱怨身边的人难相处

你可能也针对周围人发出过类似的抱怨。但通常来说，你的抱怨是有真实事例作为依据的。

现在的人都自私得很，根本不关心别人。

真无语，我总是碰到难搞的同事。

真是谁也靠不住。

这里所有的事情都是我在做，没有人帮我。

我们根本没办法信任他们。

假如你对自己接触的强势者不甚了解，那种种迹象都会让你以为他们真的遇到了一些无能、忘恩负义或像他们口中描述的那种不堪的人，然而，事实往往并非如此。

自称忙得不可开交

谁没有过特别忙的时候？不同的是，强势者经常被他们自己选择承担的任务压得喘不过气来，而且还会以此为借口来回绝其他请求、邀约，或解释自己的疲惫。

老天啊，我还有一堆事要做。我真的忙不过来了，累死我了！

哦？是吗？那你不到美术学院去上课，也不和你的朋友们去看电影或听音乐会了吗？

去，怎么不去？我说的正是这些事。除此之外，我还有一堆信件要处理，我……

可是妈妈，你不该把你的娱乐活动当成苦差事呀！

将自己的幸运说成不幸

金钱是强势者最为关注的话题。他们极为吝啬，整天想着如何才能少花点儿钱。非常矛盾的是，他们一边投资大型房产、汽车，或购买一些昂贵的物资设备，一边却又抱怨自己缺钱。他们爱无病呻吟，把自己说成是不幸的可怜人。实际上，问题不在于抱怨本身，而在于强势者总是过于频繁、夸张地抱怨一些他们捏造的问题。

夸大自己的病情

只要有一点儿小病小痛，他们就会称自己已经病入膏肓。他们会习惯性地夸大自己的病情。如果他们刚经历一台手术，那他们就会告诉你自己差点儿没命。如果你问他们是否有明显的症状，他们会告诉你比这更糟，他们疑似患了重症。即使是轻微的头疼，他们也会卧床休息，并称自己不知得了什么重病。对于强势者来说，这世上就没有不严重的病，除非得病的人不是他们自己。

别上他们的当

　　请记住，强势者、控制欲强的人在任何事情上都不习惯输给别人。他们向你诉苦只是为了蒙蔽你，进而促使你接受他们的无理请求。

第五章

鸡同鸭讲

如果有人令你感觉自己鸡同鸭讲、对方无法准确理解你的意思，那他一定是强势者！

他们酷爱歪曲事实，玩文字游戏。与他们交流如此费劲，简直令人抓狂。更糟的是，他们有本事让你怀疑是自己的沟通方式出现了问题。

我们与强势者之间不存在真正的沟通。对强势者身边的人而言，沟通不畅已成为一个非常令人头疼的问题，因为后果可能很严重。强势者的沟通效率低下，这体现在许多方面。

危险的手段——迂回的沟通伎俩

在与人对话时，强势者很少会以尊重的态度倾听对方的观点，除非他们可以从中获得什么好处。概括而言，**强势者的一个固有特征是无法与他人进行简单、良性的沟通。**

孤……本王……寡人……我明白我想表达的意思！可你们没懂，不过这也没关系！

说话拐弯抹角、表意不明

强势者不会直截了当、清晰明确地说出他们的需要、请求、感受或意见。但你能感觉到他们（"羞怯"型除外）一直在向你传达他们自己的需求、他们对你和他人的评价，以及他们对各类社会事件的看法。

大多数时候，你都可以通过"解码"其语言表达和非语言行为（语调、表情、态度等）来接收他们的言外之意，可能是因为他们的非语言行为给了你足够的提示，也可能是因为你跟他们接触多了，所以自然而然能参透其话语背后的另一层含义。比如，他们会暗自赌气，接连数天都不主动跟你说话，但当你询问他们原因时，他们信誓旦旦地说对你没意见。

采取让人难以拒绝的表达方式

强势者不仅说话拐弯抹角，还会设法利用这种表达方式来使你难以拒绝某件事或避开某种情况。强势者不会询问你的意见，他们只会将自己的想法强加于你。为达到这个目的，他们会用一种套路去迷惑你。

你周六不上班吧？

嗯……

既然这样，那你可以送我去机场！

好吧，什么时候？

我订的是 7 点 30 分飞纽约的航班。

早上 7 点 30 分？！

废话，那当然！

呃……虽然时间对我来说不太合适，但是好吧。

太好了，那你 5 点 10 分过来接我吧。

等等，为什么是 5 点 10 分？

拜托，我都跟你说了我是飞纽约！国际航班必须提前 2 小时到机场，**你又不是不知道**。再说了，你还算**运气好**的，有些航空公司要求乘客提前 3 小时到呢！

研究表明，一旦你接受请求或做出承诺，再想全身而退就会变得困难重重。即使你最终了解到的情况与当初促使你向对方做出承诺的情形相反，你照样很难背弃自己的承诺。强势者无须参考科学调查数据也能凭直觉知晓这一点，何况他们经常通过其他人传递信息。换言之，你很难立即回复他们。关于这一点，他们心里也很清楚。

学会拒绝

懂得拒绝是一种自信的表现。虽然强势者会对你施加心理压力，但你必须敢于拒绝。你可以先观察一下自信的人是如何表示拒绝的，然后在日常生活中有意识地锻炼这种能力。

他人要求把话说清楚时，他们会表现出不悦

有些措辞含糊、表意不明的人可能会对你的追问表示不解，并因此感到恼火。强势者便总是这样做。想知道为什么吗？因为在你要求他们做出进一步说明的同时，你拿走了他们惯用的一样武器，导致他们不得不亮明自己的态度。然而，强势者对人施加的影响只有在情况还不明朗的时候才能发挥作用。鉴于此，即使对方表现得再不耐烦，也务必请他说清楚自己的要求，以便你可以自主做出适当的决定。

对他人的不解冷嘲热讽或恶语相向

当你向强势者询问更多信息时，他们可能会冷言冷语地奚落你，让你觉得自己的问题很愚蠢。他们会反驳说答案很明显，毋庸赘述。如果获取这些信息在你看来确实很有必要，那不管对方如何冷嘲热讽，都请坚持让他们作答。要知道，即使面对爱因斯坦，他们也会有相同的反应！

会指责别人明知故问，借以回避问题

强势者如何使你觉得自己的问题很愚蠢？通过反问"你说呢"。这句话的言下之意是"你应该知道问题的答案，而且这个问题根本就没必要提"。这句"你说呢"是强势者最爱使用的回复之一。这样一问，他们不仅不需要暴露自己的想法，还能在某种程度上迫使对方透露其可能有的想法。于是，情况瞬间发生了逆转——提问者变成了被提问者。这种不提供任何信息就把问题抛回给对方的做法会令一个想要展开真诚、良性互动的人觉得尴尬、不适。

纪尧姆在什么地方？

在他平时待的地方！

不要被他们唬住

假如对方反问："你说呢？"你一定要敢于回复："我自有我的观点，但我想知道你的观点！"

常常含糊其词

如果含糊其词算得上一种本领，那强势者的水平绝对是大师级的。他们采取这种表达方式有以下目的。

（1）不让别人找到漏洞，不暴露自己的想法。

（2）赋予自己一种权威感，让人以为他们懂的比别人多。

（3）任由别人解读他们的话语，以便将来可以随时改变自己的主张。

（4）在别人质疑他们的时候予以反击。

（5）把责任推得干干净净。

（6）利用神秘感吸引对方（不可否认，有些人很吃这一套）。

为了尽可能地把话说得模棱两可、暧昧不明，强势者会使用以下这几种手段。

·话不说全，引人联想

强势者会让别人想象他们未说完整的话。这样一来，当别人把自己理解的内容大声转述给旁人听的时候，他们便可以理直气壮地称自己从未说过那样的话。

·使用具有多重含义的模糊字眼

让我们拿一句话来举例。假如有人对你说："你不觉得你丈夫有时很'古怪'吗？"句中使用了一个容易产生歧义的词，这个词成功引起了你的注意。紧接着，你会产生猜疑，变得心神不宁，因为你完全不确定对方想表达什么意思。这种隐晦的措辞令你惶惑不安，并陷入思考："她不明说，或许是为了掩盖一些负面信息。搞不好她说的是真的呢？"于是，你开始在丈夫身上寻找令人觉得"古怪"的地方……除此之外，还有许多表达方式可以令你感到困惑、错愕，比如"这件事说来话长""有点那啥""这个还有完善的空间""事态会变得很糟糕"等。

别有用心之人会利用模棱两可的措辞在一个原本团结的群体中搬弄是非，制造不和。后果不言而喻。

C'EST BIZARRE

这似乎有点古怪

C'EST COMPLIQUÉ

这件事说来话长

·频频插入行话或专业术语

强势者可能使用各种鲜为人知的专有名词、地名、首字母缩略词，还有一些复杂的医学术语、不加说明的股市术语等，使自己讲的内容变得晦涩难懂。有时，听者会误以为对方懂得很多、文化程度很高。强势者自以为照亮了对方的知识盲区，但大多数时候，他们的长篇大论其实只满足了自己的虚荣心。这类强势者的伎俩之所以能奏效，一部分原因是他们利用了一个有意思的社会心理学现象：社会认同效应。

社会认同效应

　　当某人在群体中用艰深复杂的辞藻发言时，大家通常都不敢提问。为什么呢？因为大家都掉进了"社会认同效应"的怪圈。这种效应会使你深信：既然没有人提问，那说明所有人都能听懂或认同说话者的观点……只有你例外。进一步地，你会在潜意识里告诉自己：只要没有人做出反应，那就说明情况一切正常。但其实你想错了！这是一个误区。

　　实际上，若一个讲座、一本书或一篇文章里充斥着大量过于抽象的概念，那么很少有人能将其听到或读到最后。通过使用高深的行话或术语，强势者可以令你怀疑自己的知识水平。不仅如此，我们中有很大一部分人会在自惭形秽的同时，对面前这位聪明博学、侃侃而谈的人产生迷恋。

把他人卷入无休止的荒谬讨论中

强势者很善于把特殊情况说成普遍现象。他们固执己见，把自己的观点看作广泛适用的真理。他们的说辞看似符合逻辑，实则往往建立在错误的观念或假设之上。他们会通过玩文字游戏来曲解你的话语或意图。这时候，你自然而然会想要纠正他们，这样，你就会被卷入一场毫无意义的讨论中。

打个比方，即使你的眼睛是绿色的，强势者也可能睁眼说瞎话，说它们是棕色的。争论了半天，当真相水落石出时，我们中的一些人可能会选择不再追究，但大多数时候，我们很难控制自己的脾气。在这个时候，你会听到强势者这样对你说："拜托，你那么激动干吗？你的眼睛是什么颜色的，这根本就不重要好吗？"你继续说道："既然不重要，那我们为什么要讨论这个话题？"对方会回复："不是我要讨论的啊！"你气不过，反驳说："明明就是你先开启这个话题的！"就这样，争论似乎永远都不会有尽头。这种针锋相对的局面向你揭示了一个不可思议的事实：强势者对验证真相根本就不感兴趣。

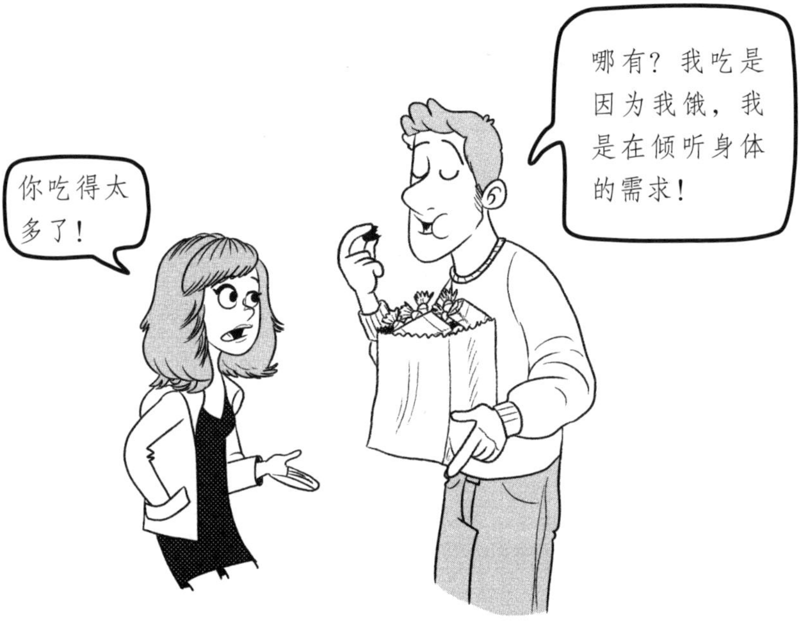
你吃得太多了！
哪有？我吃是因为我饿，我是在倾听身体的需求！

对验证真相不感兴趣

假如你是一个理性、客观、诚实的人，而且很想帮对方认识到自己的谬误，那你往往会浪费大量精力，内心产生许多压力和情绪。**要知道，这正是强势者的目的：给他人制造情绪波动。**

故意岔开话题

面对某些话题，强势者会故意将谈话内容引到别的方向上。不过一两句话的工夫，你们讨论的已经不是刚才那件事了。强势者会在遇到以下几种情形时刻意绕开话题。

（1）他们对该话题不够熟悉，他们不想让别人发现这一点。

（2）他们之外的某个人正在就该话题游刃有余地侃侃而谈。

（3）该话题令他们感到尴尬、不适，或可能有损他们的形象。

（4）他们无法证明自己提出的观点。他们的论据缺乏说服力。

（5）他们想要攻击、挑衅、指责或贬低其他对话者。

比如在工作场合，强势者正在主持一个会议，而你提出了几个切中要害但他们不方便回答的问题，那他们就可能用以下几种说辞来敷衍你。

我相信在场的人都不是特别关心这些问题。

现在不是讨论这些的时候。

我们已经没有时间谈这些了。

这与我们讨论的内容无关。

故意曲解别人的意思

强势者非常善于通过歪曲你的话语和意图来转移话题。

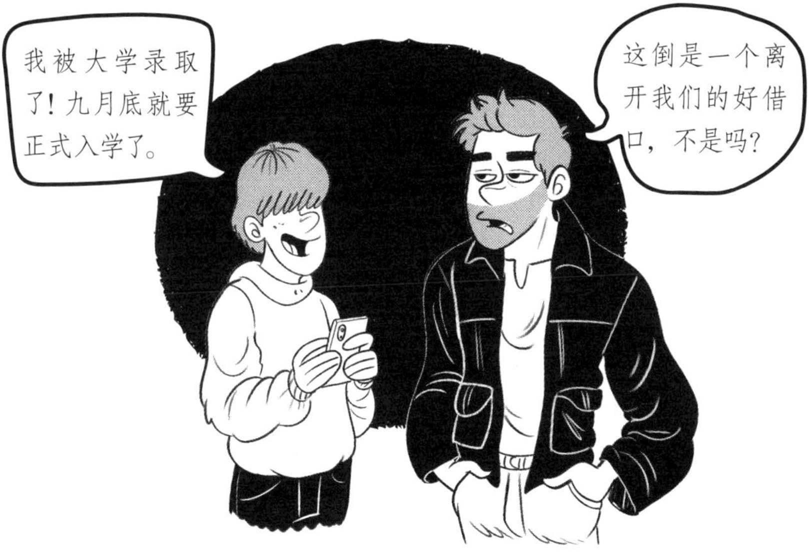
我被大学录取了！九月底就要正式入学了。
这倒是一个离开我们的好借口，不是吗？

让人觉得自己总是错的

强势者总是不分青红皂白地反对别人，就好像别人都是不可信的人。你说"黑"，他们必定说"白"。

会用虚假信息骗取真相

为偷偷获取你或你身边人的信息，强势者所使用的迷惑手段简直令人瞠目结舌。利用虚假信息来探听实情，这是最常用的干扰技巧之一。最常见的做法是提出一个包含不正确信息的问题。

这样，他们会得到你本不会主动告诉他们而他们也不敢直接询问的信息。在这么短的反应时间内，你不会想到对方是在套话，所以会毫无防备地把实情告诉对方。

以假话为饵来探听真相，这种策略不仅可以让强势者避免向你明确提出问题，而且还能让他们觉得自己可以指挥你、在你毫无知觉的情况下获取了他们想要的信息。

强势者可以同时使用上面提到的所有手段。我之所以将它们拆分开来，是为了对每种伎俩加以定义和解说，方便你在沟通过程中识破它们。

Chapter 6
第六章

贬低他人，抬高自己

　　强势者想对你施加影响时，他们会质疑你的品质、能力和性格，他们在有意或无意地追求一个目的：使你承认他们更聪明、慷慨、善良、有能力、有文化……或其他任何符合情境的形容词。他们是如何做到的呢？他们会通过观察、考验甚至创造条件来指出你的缺点和过失，以为这样能显示出你与他们的差距。在贬损他人的同时，他们也产生了一种虚幻的优越感。为此，他们不惜使出各种手段。

一有机会就展开"机关枪式"的批评

强势者无法控制自己不去批评他人。更过分的是，他们有时会把别人的优点说成缺点。比如，你若是个有计划、有安排的人，他们就会指责你"缺乏灵活性"；你若打扮得很优雅，他们就会嘲讽你，说你"很可笑"。他们的措辞可能相当激烈，例如"你不是个聪明人"或"比起你，我更喜欢猫"。只要你出现一点差错，他们就会气急败坏地痛斥"你真没用"或"你这个笨蛋什么都做不好"。

强势者会不断重复同样的指责，而这些指责通常是不合理的。渐渐地，你会为一些微不足道或不真实的错误感到内疚。经年累月地听这些消极评价会使你的自尊心受到极其深远的伤害。即使你此前从没有因指责、批评受到负面影响，他们也能用短短几个月的时间使你开始怀疑自己。令人惊讶的是，尽管他们的批评是如此辛辣尖锐、具有破坏性，他们中的大多数却并没有意识到这些批评会给他人造成创伤。不过，这并不能成为我们原谅他们的理由。

把自己的缺点投射到他人身上

在责备他人的时候，强势者会感觉自己与对方截然不同。然而，你只要稍加留意就会发现：他们批评的大多数缺点，其实他们自己身上也有。心理学家称这种行为为"投射行为"。比如，他们会指责你"咄咄逼人"，但实际上他们经常用讽刺、训斥的话语或非语言行为来攻击你。需要说明的是，他们往往是在无意识的情况下做出投射行为的。假如一名女性对你说"你留不住男人"，而她自己离过几次婚，并且有过多次糟糕的感情经历，那她有什么资格对你说这种话呢？

学会过滤批评

请记住，强势者的任何批评都不值得你去深思。如果你的作风、习惯真的影响了周围人，那你可以听一听那些真心为你好的人的建议。你要学会接受合理、真诚、有针对性、有建设性的批评，并留意这些批评来自哪些人。

把他人都当成幼稚无知之人

强势者希望利用他人的无知或无经验来使他人相信自己具备优越性。说到底，他们这么做是为了让自己安心。在通常情况下，他们往往会以一句悲观的预言来结束谈话。

等你有了孩子，你就不会这么想了！

等着瞧吧，看你将来还能不能一直这么幸福……

等你结了婚，你就知道了……

强势者会让你觉得他们是非常了解情况的"过来人"。通过一种不容置疑的口吻，他们似乎想告诉你，只有他们的经验是有价值的，是可以供你参考、借鉴的；同时，他们也在暗示你，你将来不可能做得比他们更好。由此可见，强势者会在某些时候低估你的知识和经验。然而，在某些时候，他们又会高估你的知识和经验，让你以为你应该无所不知。

AAAHHH BON???

啊？你竟然不知道？？？

贬低手法的"杀伤力"在于，强势者会重复表达惊讶，并强调你对某个实际上鲜为人知的话题的无知。强势者不会做任何解释，他们试图让你相信，如果你足够有文化，就应该能听懂他们讲的内容。假如你受教育程度不高，那你很快就会说服自己相信自己的知识水平明显不够。或许你会觉得自己不够聪明，于是便不敢再插话了。若你是第一次听说某个信息，而说话者却以"众所周知……"来开头，那你就会感到局促不安。这很正常。要知道，这种表达不会只令你一人感到不适。

杜绝盲目崇拜

若你尊崇的对象总是剥夺你的话语权，那你就该反思一下自己对他们的崇拜行为是否合理。他们真的是你的"人生楷模"吗？如果是，那你也应该有选择地听取他们的建议，尽量参考提建议者在他们已经真正成功的领域给你提出的建议。

不放过别人的任何错处

尽管你已经竭尽全力做到了最好，发挥了所有的技能和才能，你的努力成果已经获得了周围人的认可，但有那么一个人，他会毫不客气地批评你犯下的每一个细微的错误。强势者总是试图提醒你：你并不是一个十全十美的人。假如你是一个完美主义者，那他们可就击中了你的要害。

基于自己的利益衡量他人的行为

在有利可图的时候，强势者很擅长用一套带有迷惑性的说辞来篡改事实、颠倒是非。打个比方，假如你在某件事情上改变了主意，他们会指责你鲁莽、自私，导致他们陷入难堪的境地。然而，令人啼笑皆非的是，假如你一开始的决定或立场对他们不利，他们又会提醒你："只有傻瓜才不懂得变通！"他们这么说是想逼你让步，使你服从他们的决定。你会发现，责怪你改主意的是他们，责怪你不改主意的也是他们。

利用大道理为自己开脱

强势者可能会通过间接的方式批评你。因此，他们在描述你的状态时，会故意使用类似"现在的人都……"这样笼统的说法。不过，你还是可以感觉到这话是说给你听的。

强势者有说不尽的大道理、谚语和俗语。他们会让人以为这是他们自己的人生信条，但实际上，他们只是在借此影响他人的想法。

以大道理作为托词，强势者就不必承担评判他人的责任了。很多时候，他们会将评判的矛头指向你的朋友、同事或家人。尽管每个人所谓的"缺陷"都不是你造成的，但这些负面评论还是不可避免地会伤害到你。

这不是我说的，是大家说的！

把讽刺挖苦当开玩笑

讽刺是一种隐晦的语言攻击，但被讽刺者仍然可以感知这种攻击。"讽刺"与"幽默"的内容和目的都不同："幽默"会让人微笑或大笑，但"讽刺"会伤人。如果你因强势者对你的一句评价而生气，对方可能会取笑你"没有幽默感"。他们篡改事实的速度如此之快，以至于你的头脑会在一瞬间陷入混乱。强势者指责你反应过激，就好像你曲解了他们的意图一样。举个例子，假如一个强势的熟人造访你的小公寓，参观完一圈后嬉皮笑脸地对你说："挺好，至少任何人来你家都迷不了路！"听到这些，恐怕你很难欣赏对方的"幽默"。在这种情况下，你有不适感也是合情合理的。

哟！你今天怎么披着"麻袋"就出门了？

第七章

将"利益当先，责任靠边"奉为人生信条

强势者的心态十分矛盾：他们想要成为一切的中心，但当事情没有朝着他们期望的方向发展时，他们又不想承担应尽的责任。每一次失败都会使他们的自尊和社会形象受到冲击，这对他们来说是完全无法忍受的。

永远把错误推给别人

与外表相反，强势者的内心其实非常不成熟。这可以从他们总是下意识地指责别人的错误、缺点、疏漏中窥见，要知道，这些错误是他们自己平时也会犯的。他们很讨厌别人指出他们

的错误，因为这会破坏他们"无懈可击"的形象。举个例子，一名强势的男性会大言不惭地责备妻子："孩子在学校之所以不好好学习，都是因为你管教得不够！"然而在孩子的教育问题上，明明他才是那个经常缺席的人。

在强势者看来，不仅仅是其他人有错，就连他们所处的体系（公司、司法体系、教育系统、社会等）也要为其生活中的所有不顺心负责。

强势者经常唉声叹气、叫苦不迭，埋怨他人想出了一个愚蠢的主意或做出了错误的决定，却"不记得"起初做出该决定的人不是别人，而是他们自己！实际上，他们并不是不记得，只是不想承担做错决定的责任罢了。

有时候，为了避免做那些他们该做却不情愿做的事，强势者会使用一种令人难以察觉的推脱策略。例如，一个不喜欢家里来客人的男人会对他的朋友们说："我们实在不方便招待你们，因为我妻子的工作时间比较特殊，确实安排不过来……"其实，他只是不想回请那些已请他们夫妇到家里吃过饭的朋友罢了。然而，他的朋友们是不会猜到这一点的！若一个强势者突然失去了对某个亲近之人的影响力，他便可能对对方说："你被谁洗脑了？"

动不动就打退堂鼓

强势者随时可能违背约定、承诺，或拒绝履行因其职业身份或为人父母的事实而应尽的责任与义务。他们总能找到很好的（虚假的）理由来为自己开脱，说服别人相信这次是特殊情况，今后不会或很少会再发生。但实际上，他们就是一群靠不住的人。

模糊自己的立场或态度

强势者会尽量避开各种（和平或敌对的）会面，以免自己被牵扯进某项事务，或避免对某件事表态，或使自己免于解决某个问题或冲突。他们不会明确表示自己不想参加某场会议、约会或饭局，而会等到最后时刻才宣布自己有事不能赴约（且往往会通过中间人或其他媒介传递信息）。他们的借口时而为了凸显自己的价值，时而为了装可怜、博同情。

窃取他人的劳动成果

把身边人取得的积极成果或有效进展据为己有是强势者的强项。**只需一句话的工夫，他们就能神不知鬼不觉地偷走你的好点子，并将其说成是他们自己的，简直像变魔术一样！**到头来，你百口莫辩，没有任何功劳，也得不到半点认可。

避免参与任何决定

在决策性会议上，某些强势者会表现得特别不积极。他们言辞含糊，态度暧昧，不发表自己的意见，从而避免真正参与某个决策。即使发言，他们也只是为了说一些类似"你们自己拿主意就好""你们决定和我决定一样"的空话。有时候，他们干脆选择保持沉默。如果事情的发展证明当初的决定不太明智，那他们就会迅速撇清自己，并补充说："你们做决定的时候，我虽然什么都没说，但我已经预料到这样是行不通的。"当然，他们也可能这样说："我还以为你们对这个很了解呢，所以应该用不着我插手。"这话说得好像其他人理应对事件的发展有百分之百的掌控力。

105

逃避问题或躲避那些需要他们做出交代的人

你知道吗？一些人可能在你决策的过程中故意使坏，从而导致不理想的结果。他们会有意不把话说清楚，逃避问题，躲避需要他们给出答复的人，独占信息，拒绝分享。

不要轻易上钩

强势者会利用你幼年时形成的观念，让你对某些失误感到内疚。总想着"我不该做出这样的选择""我的行为真愚蠢"是你最大的弱点。

利用媒介传递信息

强势者往往会利用媒介（人或物）向你寻求帮助，或得到你可能持有的信息。为什么？因为他们害怕直接面对你或担心遭到你的拒绝。

以便利贴为例。强势者经常会在你的桌上留一张便利贴，目的是拜托你完成一项任务。然而，留便利贴的这个人明明刚才还和你在一起，他本可以直接向你提出请求。当然，通过电话、短信、电子邮件等手段沟通也是同样的道理。不过，强势者最常使用的媒介还是中间人，他们可以是你的同事、朋友或家人。

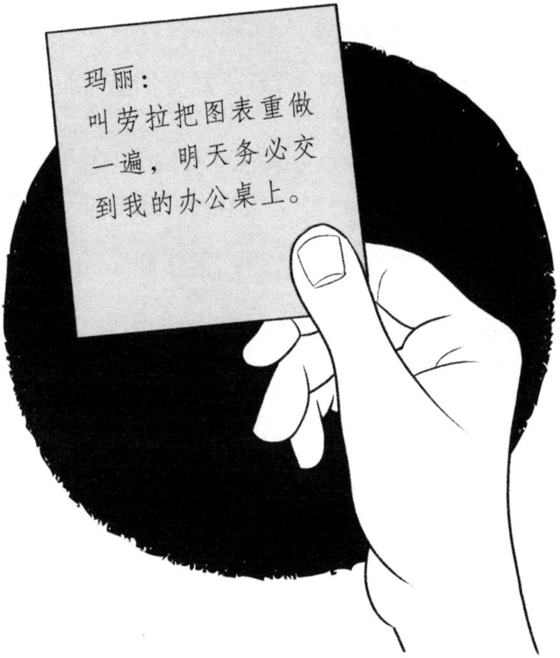
玛丽：
叫劳拉把图表重做一遍，明天务必交到我的办公桌上。

挑拨离间、制造不和的坏毛病

你所在的群体中，大家的关系一直都挺要好。然而就在不久前，群体里的气氛渐渐变了味，猜疑和误会时有发生。不仅如此，你还经常听到同伴们说出"咱们以前不是挺好的吗""我不明白究竟发生了什么"之类的话。种种迹象表明，你们中间出现了强势者！他们会在你的周遭散播疑虑、猜忌，制造矛盾、不和，而你却怎么也猜不到在背后搬弄是非的竟是他们。实际上，**他们制造分歧是为了更好地实现其个人目的**。关于这一点，恐怕你一时很难理解。但跟强势者接触久了，你就会发现：**他们的思想中根本就没有"共同利益"这个概念**。他们极其以自我为中心，一心想要通过动用其权力来获得力量感，做任何事情都只听从其个人需求的驱使。举个例子，在一家公司里，一个强势的团队负责人能够在短短几个月内挑起团队成员之间的紧张气氛。但很少有人会想到该负责人才是始作俑者，因为这不符合一位团队领导者在正常逻辑下的利益。

如果你的团队、家庭、朋友圈因为某个新成员的加入而逐渐变得不团结，那你就要警觉了。在这种情况下，你必须给自己敲响警钟，密切关注以下几条能帮助你识别强势者的线索，从而找出导致关系恶化的罪魁祸首。

制造嫌隙的高手

强势者不论男女，都可能在朋友、同事、家庭成员甚至邻居之间蓄意挑拨，制造矛盾。他们看起来信誓旦旦、言之凿凿，但实际上是在造谣生事、诽谤中伤、加剧猜疑。有时候，他们引发的猜疑可能持续数月甚至数年。**强势者根本不寻求群体的团结或和谐**。一个具有自恋型人格的强势者仅凭一己之力就能破坏整个会议、聚会、讲座或约会的气氛。在每个群体中，在每次碰面时，过分强势、试图干涉别人的人往往是不融洽的因素。

试想一下，假如你的姑妈通知你，她决定将她在乡下的一部分土地转让给你，这时，一个人却跑来告诉你根本没这回事，那你自然会抱怨："姑妈居然骗我，跟我胡说八道！真虚伪！"你完全没想过要去质疑这个人对你说的话，原因很简单：**他太有说服力了**。这种情形会导致一些相当严重的后果，因为你不会去找你的姑妈当面询问她为何改变主意，只会认为她戏弄了你。许多家庭都因类似情况而长久处于冲突之中，僵持数年甚至数十年都没有迎来和解。

利用"×××向我抱怨你……"之类的措辞

在职场上，强势者可能会这样对你说："总不能什么都由我来做呀！每个人都有自己的职责！迟交了这么多文件，难怪连玛丽也受不了你了！每个人都该做好自己分内的工作，别给他人添额外的负担！"类似"×××向我抱怨你……"这样的表达，会给你带来很大的冲击。令你深感不安的，与其说是责备的内容本身，不如说是"可能不止一人对我不满"或"一些人正在背后议论我"这样的想法。产生这种疑虑也是人之常情。

如果有人频频对你使用"×××向我抱怨你……"这样的措辞，试着理智地问一问自己：对你说这话的人是否像他说的那样负责任？你给他人增添额外的工作量了吗？凭你对这位同事的了解，他在背后议论你的可能性大吗？这些指责有依据吗？

追本溯源

经过一番理性的自我反思，你可能仍心存疑虑。如果真是这样，那你应该释放自己的焦虑，克服恐惧去找当事人谈一谈。注意，不要一上来就摆出一副质问对方的姿态。要知道，假如传话的人是一名强势者，那他很可能编造了一堆当事人根本没有说过的话。即使当事人真的对你发表了某些看法，那强势者也会添油加醋，扭曲本意。总之，只有从源头寻找真相，你才能得出结论，才有可能挣脱强势者潜入一个部门、家庭或朋友圈后所编织的"怀疑之网"。

嫉妒别人恩爱就试图搞破坏

为了在一对伴侣间制造不和，强势者会调动当事人的疑心或嫉妒心。即使当事人从未产生过这种心理，强势者也能设法唤醒它。比如，他们会对当事人说类似这样的话："你老公在外面有一个情人！与其等到外人告诉你，还不如我这个自己人现在就跟你直说。"

这类语句的矛盾之处就在于，它们明明意在给人造成精神上的伤害，却还在表面上让人以为说话者是为了对方好。由于被坏消息带来的震惊分散了注意力，当事人不会质疑告密者的动机。尽管这名妻子此前从未怀疑过她的丈夫，但她此刻正一点一点地被内心的猜忌所吞噬！

女性强势者还有一种释放"毒液"的方式，她们会试图让你相信：对伴侣没有半点醋意或疑心是不正常的。换个角度来讲，强势者不论男女，都难以与他们自己的伴侣维持和谐关系。他们的挫败感会使他们对其他人的恋爱或婚姻生活产生嫉妒心理。这听起来很荒唐，不是吗？

你就没想过，有一天，你丈夫会喜欢上一个比你更年轻的女人吗？

控制型父母可以在深层次上影响其成年子女的思想，导致他们找不到自己的"真命天子"。试想一下，一位控制欲极强的母亲使她的儿子养成了做任何事都要参考她的意见、考虑她的感受的习惯。因此，儿子只要一交到女朋友，就会询问他母亲的意见；每次他带女孩回来见家长时，他的母亲总会觉得二人不合适……

强势者会在你毫无察觉的情况下间接影响你与伴侣的和谐关系。你的另一半可能发现问题的根源，并指责你对他的态度发生了变化。有时候，两个人对对方的敌意会变得很深，以至于最后免不了以分手收场。

妈妈，谢谢你，但我不同意

为了给你的感情生活施加压力，控制型母亲可能采取以下几种态度。

（1）暗示没有人会纯粹喜欢你这个人。

要知道，这种女孩我见多了，她显然是看上了你的钱。

（2）如果你是她的儿子，那她会说服你相信：她可以凭自己作为女人的经验察觉一些你暂时无法察觉的猫腻。

（3）尽管她打心眼里不满意你的交往或结婚对象，她也会戴上理解和包容的面具。

她人挺好……只是跟咱们不是同一个世界的人……当然，也没有人逼着你去娶她。

（4）以"女人的直觉"为理由来使你对伴侣产生猜疑和不
信任。

她长得这么漂亮……反正我就是好心提醒你一句，小心被人骗了！

（5）贬低你的伴侣，同时抬高你，让你觉得没有人配得上
自己。

亲爱的，允许我跟你说句实话：你绝对值得更好的人。

此外，强势者还可能以一种微妙的方式故意忽略一对伴侣的其中一人：在与一对情侣或夫妇对话时，他们会选择使用第二人称单数。比如，强势者站在电梯里，在电梯门即将关闭的时候，他看到自己熟识的一对夫妇正向电梯走来，这时候，他会对不远处的两个人说："快过来，我等你。"再比如，强势者会仅看向夫妻二人中的一人，说："如果你想，你可以尽情使用这个泳池。"

在你面前发表不尊重你亲友的言论

假如你长时间或频繁地与强势者接触，那就很难规避一种风险：你会听到他们发表针对你亲友的指责性言论。由于此类信息通常充斥着情感因素，所以它们很难被彻底遗忘。比如，强势者会对你说："哎哟！幸亏有你在，否则我真不知道你丈夫该如何独自应付生活！"这句话能让你明显感觉到隐藏在虚伪赞美背后的贬低和奚落（虽然你很优秀，但你还是选择了一个糟糕的丈夫）。此类言论的危险之处就在于，尽管你当下会觉得对方是在胡说，并且完全不会放在心上，但只要未来出现任何一丝能够证实这番言论的迹象，这些负面信息就会重新浮现在你的脑海中。这个令人遗憾的事实说明：你不仅把强势者的话听进去了，而且还记在心里了。

切断伴侣与外界的联系

别担心，亲爱的，我会把一切都搞定。

控制型伴侣经常会隔绝另一半与外界（家人或二人结婚前认识的朋友，或二者兼有）的联系。一般来说，他们不会公然禁止配偶与他们见面，相反，他们有时甚至会怪自己的伴侣朋友太少。通过使用"双重束缚"策略，他们可以将一个杜撰出来的问题归咎于伴侣，而实际上，他们自己才是那个制造真正问题的人！

没人来咱家串门，我一点都不意外，因为跟你聊天确实很无聊！

为了使亲友不愿再接近自己的配偶，强势者会在每次与他们见面时表现得相当失礼。那他们具体是怎么做的呢？

（1）在言语上攻击他人，使对方不得不为自己的每一条观点辩解。

（2）使他人在公共场合颜面尽失。

（3）全程保持沉默，并假装对众人讨论的所有话题都不感兴趣。

（4）表现出一副迫不及待想要他人离开的样子。

（5）你的朋友（们）一出现，他就会躲得远远的。

（6）发表一些轻视你的朋友或同事的言论。

你那帮兄弟真的挺没劲的。听听他们说的那些话，就知道素质高不到哪儿去！

说实话，我有点失望。我还以为你的朋友们有多了不起呢！

你那个闺密的话真是一句都不能听。她简直蠢到家了！

控制型伴侣的表现使你在家人和朋友面前频频感到尴尬、不自在。于是，你会自然而然地减少与他们见面的次数。用不了多久，你就会陷入孤立无援的境地，进而加深对伴侣的依赖，逐渐变得离不开对方。

无视群体内的矛盾纷争

强势者希望在自己的团队中营造一种团结的假象。他们想让大家觉得相处融洽。为灌输这种思想，他们会公开明朗地表态："在这里，我们是一个大家庭，每个人都可以直呼对方的名字，不需要用敬称。"再比如，"咱们彼此之间没什么不能说的"或"咱们相互之间的信任是必不可少的"。

此外，强势者还会利用其他有助于制造这种心理暗示的因素：建立安全感、信任感（使相处对象放松心理防御机制，即降低警惕性），重复令团体感到愉快的行为，援引创业精神、共同使命等概念。于是，所有成员都在不知不觉中被影响了。情感纽带更巩固了这种影响。这就是为什么我们很难使一个受人指挥的人恢复理智。心理影响是通过社会普遍接受的行为发挥作用的。我们的道德准则所确立的各种标准规范（如"人与人之间应当互相帮助"）就属于这类行为。

若是一个团体的成员们都意识不到问题的根源，或者都不敢面对问题，那他们就会持续受到伤害。最常见的负面效应是意见分歧、拉帮结派，成员相互贬损、缺乏团结精神、神经衰弱加剧、焦躁易怒、对冲突过度敏感，等等。

最后需要说明的是，如果一名强势者与你发生了冲突，那他将照样吃得好、睡得香。强势者不会被批评指责和激烈的争吵所困扰，相反，这会令他们倍感兴奋。而你就不同了……

没什么丢脸的

无论如何，你都不该为自己有过被心理控制的经历而感到羞耻。在此之前，你并不了解强势者会使用哪些技巧，而这些技巧对于不了解其特征的人来说是很难识别甚至无法察觉的。所以说，这与你的智商没有半点关系。相反，你在这方面无知才是正常的。

上篇结语

不论男女，强势者或过度自恋者都坚信自己是特别的，所以他们需要不断获得别人的赞美。这使他们无法容忍任何批评，而且对他人变得肆无忌惮、不择手段。他们认为自己可以利用他人。他们想要掌控一切，并会不惜一切手段来达到自己的目的。有时候，他们会顺着自己激烈波动的情绪说出一些伤害、侮辱和贬低对方的话。但有时候，他们也会对对方嘘寒问暖、关爱有加。这种操作尤其令人感到困惑。他们总是"打一巴掌再给颗甜枣"，以至于受其影响的人会开始怀疑：他到底是喜欢我还是讨厌我？一旦他们发现对方不再有（经济或社会形象方面的）利用价值，便会毫不留情地切断彼此的联系。但奇怪的是，假如受其影响的人因为厌倦受到虐待而离开，他们会竭尽全力来挽留，甚至保证自己会改。由于给他人造成了太多痛苦，

他们往往会落得个众叛亲离、孤独终老的下场。不过，这种人格障碍并不妨碍他们很好地融入社会并取得事业上的成功。既然如此，他们有什么理由要改变自己呢？

屡屡遭到病态自恋者控制的受害者经常说自己有"吸渣体质"①。值得庆幸的是，事实并非如此！也许你曾在家庭或工作中成为若干强势者的"猎物"，但请你仔细想一想：是你选择他们作为家人的吗？是你把他们招进公司的吗？事实上，强势者会在一开始就把所有人都当成目标，而不仅仅是你！

---

① 网络用语，用来形容一个人在亲密关系中常会喜欢上"渣男""渣女"，并被其干涉、影响、欺骗。——编者注

不过，假如你在爱情方面有过数次被伤害的经历，那或许就不是偶然了。有些漏洞是任何强势者都不会放过的。他们会试探自己接触的每一个人，以检验自己制造的效果。一般而言，强势者需要 5 ~ 15 分钟来判断自己面前的人是否有被影响的可能。不过有时候，几秒足矣，结论立竿见影。假如你完全不在乎别人对你的看法，那你绝不是强势者的理想对象。假如你懂得拒绝或不吝表达反对意见，那你就不是他们的目标。他们的目标是那些更加软弱、迟疑的人。

如果你能够换一种方式看待强势者并下定决心予以反击，那你或许可以免受他们带来的那些最有害的影响。鉴于强势者的病态心理不可能在朝夕之间奇迹般地得到纠正，你必须积极主动地采取防御措施。

具体而言，你需要在心理（你的想法及固有观念）和行为这两个不同层面同时做出改变。

下篇

如何提防强势者

Chapter 9
第九章

改变看待事物的方式

虽然我们无法改变那些已经发生的不愉快事件，但我们可以尝试对其做出另一番解读。这需要我们（至少暂时性地）反思一下自己的思维方式，以及我们的一些观念。这种退一步看待问题的方式可以帮助我们更好地承受（尽管我们未必能接纳、包容）那些会使我们产生强烈负面情绪的事件。换言之，它可以让我们减轻痛苦。在面对强势者的时候，这种思维方式更是必不可少的，它将成为我们抵御强势者的强大武器。

别再奢望与强势者展开理想沟通

我们与强势者之间永远不存在正常的交流！这个结论令人很难接受，因为它扼杀了我们对强势者的最后一丝幻想。只要我们对强势者还抱有希望，我们就会继续忍耐下去，然而这样做会导致一种真正的痛苦。所幸还有一件事是你可以控制的：消除你对他们的期望。别再期望变态自恋者会奇迹般地做出改变，别再期望与他们建立真诚、健康的关系。这些是永远都不可能实现的。

你可能需要几个月的时间才能彻底接受"他们不会改变"的事实。你和强势者的关系越牢固，接受这一事实所需要的时间就越长。不过，一旦结束了这个痛苦的过程，你就会对强势者的言行变得不那么敏感。这是一个很好的迹象。在此之前，你必须先摒弃一厢情愿的想法（如果你有）：别以为你们俩都在努力使这段关系变得融洽，事实上，朝这个方向努力的人只有你自己。**令人遗憾的是，没有一个变态自恋者会因矛盾冲突而受到困扰，但你正相反。**

固有观念的陷阱

强势者所使用的最强大的武器是社会普遍接受的观念，以及他们最容易在你身上发现的信念。这些固有观念中有一部分是你自己认同的（尽管它们是错误的），所以有时候你会掉入自己给自己挖的陷阱里。只要对方说出"你怎么一点助人为乐的精神都没有"，你就会为了维持对方对你的好感而放弃自己的计划。以下是强势者经常利用的固有观念。

我们必须得到所有人的喜欢、认可和尊重

如果你深信这一点，那你几乎很难成为自信的人。换言之，你将无法大胆地提问、拒绝或批评，因为你担心别人会因此怨恨你或不再喜欢你。为了不让他人觉得自己是个自私、冷漠、粗鲁、无礼的人，你在任何情况下都会表现得很客气、友善、慷慨。

我们必须对各种情况都应对自如

有人评价你"太敏感"吗？如果你是个完美主义者，那他人贬低你或令你感到内疚的言论就很容易影响你，进而伤害你。即使是面对那些单纯出于善意的批评，你也会觉得很受伤。这

种情绪反应会立即体现在你的（防御性或自认有错的）表情和态度上。它是如此明显，以至于强势者可以轻易利用你的这个弱点。

我们必须做出正确的决定，否则我们就是愚蠢的

这种想法源自完美主义，其缺点是会抑制你做出某些选择。这种对自我的苛求不仅会削弱你的自尊，还会给强势者以可乘之机：一旦出现问题，他们就可以指责你没有做出"正确"的决定。但在很多情况下，决定并没有对错之分。它们都是根据一些临时有效的标准（比如你掌握的信息和你的优先目标）做出的。然而，没有人能够百分之百地确定一个决定最终会带来怎样的效果。

如果找不到问题的最佳解决方案，那简直就是世界末日

这个信念会迫使你不断寻求一种能解决所有问题的方法，尤其是在遇到矛盾冲突的时候，你会很想化干戈为玉帛。然而，如果你面对的是一名强势者，那即使你精疲力竭，也永远不会找到平息冲突的办法。

夫妻一方不可能从精神上摧毁其发誓要挚爱一生的伴侣

谁说的？请你诚实回答以下三个问题：夫妻间的精神暴力难道是子虚乌有之事吗？婚姻关系里不存在被侮辱和被殴打的女性或男性吗？配偶难道不是心理疾病患者身边最亲近的人吗？

不论家人提出什么样的要求，我们都应设法满足

如果连你自己都把这种观念视为真理，那你将会在力所不能及的时候深感不安和内疚。家庭中的强势者正是利用了你的这个弱点，才使你做出一些你不太会自愿去做的事。

母亲不可能伤害自己的孩子

如果事实果真如此，那世界上怎么会有那种粗心、自私、嫉妒子女成功，甚至刻薄恶毒、恶语相向、虐待孩子的母亲呢？她们不是因为做了母亲才变成这样的，而是从一开始就具有自恋型人格，然后生儿育女做了母亲！

有时候，尽管你努力说服自己不去接受强势者的请求，但你仍然会感到愧疚。怎么做才能减轻心理负担呢？你可以通过改变自己的观念和行为来减轻这种过度的负罪感，让自己不那么脆弱。虽然这很不容易，但不是不可能。

这点钱你总不会不借给我吧？我可是你的亲弟弟呀！

用现实来检验你的思维模式

你的某些思维模式是否导致你的内心变得不堪一击？为了对抗它们带来的负面影响，你必须用现实来检验它们。怎么检验？通过自我提问的方式在内心反思你的思维模式。非常重要的一点是，你必须理性、客观地回答每一个问题。

以下是进行自我反思时可以提的问题，供你参考。它们可以帮助你质疑和反省自己的某些固有观念。

反思"我们必须得到所有人的喜欢、认可和尊重"

我真的一点助人为乐的精神都没有吗？

我是否帮助过他人？是偶尔为之还是经常如此？

这个人平时尊重我的需求吗？

我的需求没有这个人的需求重要吗？

如果这个人因为我不答应他的要求就与我断绝来往，那不正好证明他对我没有真感情吗？

如果我拒绝了他的请求或要求，后果真的有那么严重吗？

我真的有必要被"有害"的人喜欢吗？

反思"我们必须对各种情况都应对自如"

如果遇到了我不擅长的事情，我可以征求他人的建议吗？

在熟练掌握某项技能之前必须先经历学习的过程，难道不是吗？

如果我向他人寻求帮助，这是否说明我是一个无知、无能的人？

我是否也有自己擅长的领域？

我身边的人是否在各方面都那么有能力、有才华？他们从一开始就是这样的吗？

如果不是，难道他们就是很糟糕的人吗？我是否会因为他们的其他品质而尊重他们？

哪个事实或事件可以让我下定论说我做了一个错误的决定？

我当时怎么知道哪个决定是正确的？

我当时有很大概率能猜到哪个是正确的选择吗？

这件事是在我做出决定之前还是之后发生的？

反思"如果找不到问题的最佳解决方案，那简直就是世界末日"

到目前为止，我做过哪些事来改善我和这个人的关系？

我做这些事有多久（多少年）了？

如果我做的这些安抚措施起到过积极的作用，那这种良好的局面维持了多长时间呢？

如果我不做任何努力来摆脱这种现状，那我是否还能继续这样生活下去？我能坚持到什么时候？

我该怎么做才能减轻这种局面给我带来的痛苦呢？

给现实中的自己重新定位

除了这些思维模式，你还跟其他人一样，拥有一些自以为所有人都会有的信念。这里指的是父母、学校以及你之后的生活经验灌输给你的社会道德原则。即使这些原则给你造成了痛苦，你也很少会对它们产生怀疑。

有些人会告诉你，这些道德原则在任何时候、任何情况下都适用。错！在接受现实检验的时候，这些空洞的大道理往往会被打破。以下问题可以帮助你给现实中的自己重新定位。它们没有先后顺序，而且仅作为示例。如果你正被某些消极的想法所侵扰，那你可以把它们调整成与实际情况相适应的问题。

我真的是一个 ____
（形容词）的人吗？

因为我做了这件事，
所以我就必定是那
样的人吗？

这是真的吗？
（屡试不爽还是
从未应验？）

这真的有那么糟
糕或可怕吗？

假如发生了最糟的情
况，我该怎么做才能
减少损失？

难道这就会否定
我的价值吗？

有什么可以证明
这一点？

当我用到像"人们"
或"大家"这样的字
眼时，我是否会想到
某个具体的人？

永远不要低估你的思想所具有的力量。它们可以影响你的情绪、生理状况，甚至你的行为。不要等到你对身边的强势者彻底失望时才开始改变对他们的态度。从现在起，通过合理的方式展开反击，变得自信起来。

Chapter 10
第十章

见招拆招

　　这一章教你在面对强势者的时候见招拆招、随机应变，以达到保护自己的目的。最常见的应对方式是通过口头表达的形式进行的。它是一种模糊而肤浅的交流方式，目的是避免向对方做出任何承诺。这种表达方式是很多强势者自己经常运用的，也是那些对操纵行为和激将法都无动于衷的人会凭直觉使用的。

　　强势者很快就会远离那些对其权力不敏感的人。因此，你最好在他们面前表现出一副漠不关心或毫不在乎的态度，以免对其刺激性的话语做出过度反应。强势者不会在那些难以施加影响的人身上浪费时间。

对我们大多数人而言，训练自己伪装出一副冷淡、无所谓的样子都是一件很不自然的事，它需要我们付出很多努力。有些时候，我们只需给出一个幽默或讽刺的答复即可。但也有些时候，我们不得不采取坚定拒绝的态度。尽管这需要我们根据具体情况来做出判断，但只要稍加练习，我们便能学会。

多多训练自己

强势者喜欢玩文字游戏，运用表意模糊的词汇。你也可以这样做，以达到以毒攻毒的效果。起初（在头几个月里），你的内在情绪依然很激烈：在与强势者交锋的时候，你会心跳加快、体温升高，甚至连呼吸都会变得不顺畅。但值得欣慰的是，你将开始以更自信、更合适且不那么情绪化（这点尤为重要）的方式来回应对方。

见招拆招的原则

以下是 12 条非常简明的原则，牢记它们，你将能够在强势者面前控制自己的言语，从容应答。

（1）尽量使用短句。

（2）措辞要含糊。

不，我没有做这个决定，因为我觉得……

（3）尽可能地运用谚语、大道理和现成的说法。

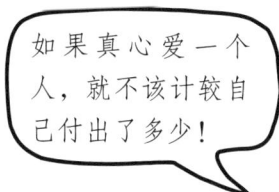

如果真心爱一个人，就不该计较自己付出了多少！

（4）使用像"大家""人们""我们"这样笼统的字眼。

如果我们不了解情况，那确实可能会相信这种说法。

（5）在情况允许时穿插一些幽默的话语。

（6）适时地露出微笑，尤其在一句话说完的时候。

（7）适当进行自嘲（谈到自己的时候要有幽默感）。

我就不再滔滔不绝了，否则游泳池里的水都要溢出来了！

（8）保持礼貌。

你究竟想让我做A行为还是B行为呢？

（9）如果你发现一段讨论毫无意义，或者只会以互相诋毁告终，那就不要参与其中。

胡扯！

（10）避免使用挑衅的言语。

（11）只在你反击对方且对自己有把握时使用讽刺的语言。

（12）不要再为自己辩解。

真是虎父无犬子呀！

嗞！（拉链声）

需要帮助吗

为了帮自己一把，你可以在下列语句中挑选几句背诵。随着时间的推移，你将越发果决地说出这些话。

- 这只是你的观点。

- 你歪曲了原话的意思。

- 我有时候确实会这样。

- 你口中的"大家"是指你自己吗?

- 我的道德观跟你不一样。

- 有时候还就得这样。

- 这有什么?还有很多是你不知道的呢!

- 这种事不可能每次都奏效呀!

不同情境下的应对方式

　　一旦你理解了这些基本原则，你就拥有了数百种可供选择的应对方式。不过，你还得根据不同的对话情境来调整自己的回应方式。下面，我们将按照社交、情感生活、家庭生活、职场这四种情境向你展示，在受到语言攻击时你可以采取的应对方式。

什么？你中午 12 点才起床？要知道，法国有句谚语叫"未来属于早起的人"。

在夜里工作的人也是有未来的！

你就不必替我操心了。

或者

嗨，你好啊！哟！你怎么胖了这么多！

我这是在为过冬囤膘呢！

对了，谢谢你善意的提醒……

或者

或者

可我毕竟为你做了那么多事！

你是在拿这个要挟我吗？

你可真慷慨！

或者

你被谁洗脑了？

别转换话题！

是我的独立思考能力妨碍到你了吗？

或者

或者

或者

或者

勇敢反击的益处

勇敢反击会带来何种有益的结果？这要看你是否已经与强势者建立了联系。

假如你对一个挑衅你的陌生人使用上文提到的交流方式，那你会获得他的尊重（尽管对方表面上不为所动），而他则会在未来尽可能地避开你。

假如你与一个强势者一起生活或工作，或者你们时常接触，那对方也许可以注意到你态度上的变化，因为他已经了解并习惯了你之前的反应。他会不理解你为什么突然用很自信的态度回应他，他也无法忍受这种变化。即使你勇敢反击，也不一定能让他立即停止对你的操纵。他会用另一种方式来刺激你，使你做出他所期望的反应。

有时你做出了冷漠而符合逻辑的回应，但对方还是在争论中占了上风，这并不意味着你的反击不起作用。你必须长期坚持这种态度。只有一次次地感受到你的抵抗，对方才会不自觉地放弃将你作为目标。他甚至可能突然变得很冷淡，而你将不再享有对方在某些方面可以为你提供的便利。关于这一点，你必须有心理准备。如果你忽然对自己的反击计划感到犹疑不定，请想一想你可以从中获得的好处，忘却你觉得自己可能会失去的。

第十一章

自尊自信，从容应对

所谓自信，就是一个人能够在不贬低对方的前提下，根据自己可能要承担的风险，明确而真诚地表达自己的需要、请求、感受或拒绝，以达到自己的目的。相反，一个不自信的人遇事消极被动，并且会幻想一些并不存在的风险。如果你属于后者，那你恐怕常常会以一种非理性的方式在头脑中反复预演自己与他人的对话，因为你害怕自己会说错话，害怕受到负面评价，害怕自己会显得低人一等……在面对一个令你感到畏惧的人时，你的焦虑感会大大增强，你的行为会因此变得不恰当。要想改变这种现状，你必须展现一种前所未有的自信，哪怕这会令你感到不适。

自信的一种表现是敢于提要求。但在面对强势者时，你要做的与这正相反！我建议你最好别向强势者提任何要求或请求。否则，他们将来向你讨人情的时候很可能会狮子大开口！再说了，即使你要求强势者改正某个缺点，他们会虚心听取意见的可能性也微乎其微，因为他们忍受不了哪怕一丁点儿质疑。即使是很容易纠正的行为，他们也不屑去改。尽管如此，我还是会在下文给你介绍一个应对这种情况的小妙招。自信的另一种表现是敢于表达拒绝——鉴于强势者往往会利用各种手段迫使你接受他们的请求，你必须逼自己拿出勇气拒绝他们。

敢于并懂得拒绝

敢于并懂得拒绝是自信的最基本的表现之一。如果你内心想要拒绝一件事，却因恐惧而无法做到，那你有必要运用前文提到的自我提问策略反省一下自己的思维模式。

在遇到以下三种情况时，你必须懂得拒绝。

（1）你无法完全满足对方的请求。

（2）你完全无法满足对方的请求。

（3）你希望一种令你不满的情形不再发生。

为了应对这三种情况，建议你优先选择与之对应的三种表达方式：部分拒绝、完全拒绝以及建设性批评。这样既能使对方领会你的意思，又不会破坏你们的良好关系（不过，这也取决于请求者及其意图）。

部分拒绝

所谓部分拒绝，就是非常明确地向请求者表达你可以做到哪些、无法做到哪些（说明限制因素）。在这种情况下，我们一般会采取下面几种表达方式。

我很愿意……
但前提是……

我同意……
但是……

如果……我
就答应……

比如，你可以这样回复一个向你借车的朋友："我很愿意把车借给你，但你必须在下午四点半之前把车开回来，因为之后我需要用车，可以吗？"如果对方更为强势，那他很可能不会按时还车，进而给你带来不便。为了避免这种情况发生，你最好把借车的条件定得再苛刻一些："我可以把车借给你，但你必须在下午三点之前把车开回来。我之后跟人有约，所以千万别耽搁，好吗？"当然，你不必告知对方自己为谨慎起见预留了一段时间。

完全拒绝

在无法采取部分拒绝的策略时，你就不得不完全拒绝对方了。这通常分为两种情形。

第一种，你实在无法给对方提供帮助。

比如，你的朋友提出要你送他去火车站，可你在同一时间段正好有约会或有会议要参加。

这时候，你可以简要说明自己无法答应这个请求，然后立即向对方提供一种解决方案，使其在没有你协助的情况下仍然能达到自己的目的。需要注意的是，你应当在表达拒绝的同时说出自己建议的方案，无须等待请求者的反应。

> 如果不是因为有个重要的约会要参加，我当然会送你去。你还是在出发前一天预约一辆出租车吧，或者问问其他朋友是否有空。

第二种，你因为一些个人原因不想帮这样的忙。

尊重自己的需求是你的权利。在这种情况下，你应该用自然的语气毫无愧疚地说出自己的原则。

举个例子，一名强势者想要你把个人藏书借给他，可你并不愿意这么做。那么，你可以礼貌地回应对方。

> 我从不允许别人把我的书带出这里，这是我的个人原则。如果你想去书店订购，我这就帮你把书名等相关信息抄录下来。

为了迫使你身边的强势者清楚地说明他们的要求，我建议你在可以表达部分拒绝的时候也表达完全拒绝。谁让他们拐弯抹角、有话不直说，这是他们自找的！

破唱片拒绝法

　　强势者不喜欢你拒绝他们的请求。因此，他们的本能反应是无视你的拒绝，然后重复自己的请求。然而，你在对方说第一遍的时候就已经完全听懂对方的意思了，于是你会再次表达拒绝。这时候，事情就变得复杂了：强势者会设法使你感到内疚（"可我毕竟为你做了那么多事"），或者援引一些道德原则（"同事之间必须相互团结，否则是成不了气候的"），甚至贬低你（"我早就知道你这个人很冷漠……没想到竟到了这个地步"）或威胁你（"别忘了，你现在的职位是多少人挤破头都想争取的"），以达到他们的目的。一般而言，他们会狠狠打击你的信念，通过几句狠话使你动摇。面对这种情况，你一定要坚持自己的态度，用与刚才相同的音量（用不着提高嗓门）再次表示拒绝，不用为自己做更多的辩解，不必带有任何攻击性，措辞也和刚才保持一致，以显示你的坚定。就像播放破损的唱片时，唱片会卡在一个地方循环播放，你要做的就是自信而温和地一遍遍重复你的意见。这种策略叫作"破唱片拒绝法"。在重复三到八遍后，强势者应该就会放弃。

建设性批评
- - - - - - - - -

自信的人敢于指出别人妨碍自己的地方，促使对方体谅自己、释放善意，并做出相应的改变。

如何提出建设性批评？你应当向对方解释其行为给你带来的负面影响，而不是责备对方。这样一来，你就给了对方一个更好地理解你的机会，他或许会同情你感受到的不适。你所表达的既是一个请求（请求改变制度或行为），也是一种拒绝（拒绝当前的情况继续下去）。但如果你面对的是一名强势者，那他一定会激烈抵抗。这类人太自恋了，不希望自己有明显的缺陷，所以无法忍受任何批评。你的痛苦和情绪，他丝毫不会放在心上。那该怎么办呢？在这种情况下，你只能运用自己的智谋：说服强势者相信，你的请求或建议是为他的利益着想。思考一下对方最在意什么，不必当面批评其不足之处。

动不动就发脾气有损你的个人形象。

如果你总在我们的客户面前指责我，人家会质疑你没有选对合作伙伴。更重要的是，他们会认为你没有在开会前仔细审阅文件。你这样会让客户对我们失去信任。

第十二章

一些重要的自我保护法

敢于反击并知道如何自信地反击当然是必不可少的，但如果你可以运用其他策略来缓解你与强势者之间的紧张关系，相信这将对你大有裨益。下面介绍一些重要的自我保护法。

挣脱套在你身上的枷锁

强势者很可能在多年前就对你建立起了控制机制，或令你养成了依赖他的习惯。如果你总被要求汇报自己的一言一行，或受到其他不合理的干涉，而这令你十分苦恼，那么你就应该逐步遏制这种情形了。你仍然要维护对方的自尊心，并找一个令人信服的借口。你只需打破那些令你感到压迫和不快的规矩或惯例。

拖延策略

等到最后时刻才把你的某些意图告知强势者或许对你比较有好处。这样一来，他们就来不及干涉你、使你改变主意或方案了。比如，如果你每年都不得不与强势者一起度假，那你今年可以到别处去度假，并在最后时刻再通知对方。如果强势者坚持要跟你一起去度假，那该怎么办呢？为了避免这种情况，假如对方问："你打算去哪里度假？"你就答："我还没想好呢，到时候再看吧。"假如对方问："你准备什么时候出发？"那你也回答不知道。

不要再讲述你生活中的细节

强势者拥有选择性记忆，他们会把你告诉过他们的事情翻出来，以达到提醒、告诫或打击你的目的。你越是详细说明自己的行动和计划，他们就越有机会随心所欲地利用这些信息。如果你过于具体地向他们描述自己的缺点、私生活、小挫折，那无异于授人以柄。即使是你的成功事迹，也别向强势者透露太多。跟他们谈话，你一定要有所保留。不过，你可千万别用这种方法对付强势者以外的人！

你最近在干什么？

说来话长。我光顾了一家新开的咖啡馆，看了一部好看的电视剧，还给家里的植物浇了水……你呢？

别答应那些表意不明的请求

强势者不会一上来就明明白白地提出自己的请求,他们会先问你一个问题,但故意不告诉你他们为什么这么问。即使提出了请求,他们也会故意"忘记"说明与请求相关的关键信息,如"哪里""谁""何时""多少"或"如何"。在对方没有表述完整之前,千万不要轻易答应请求。在必要时,请对方把话说清楚,哪怕你已经猜到了对方的意图。

记录下一切

在约会、商务会议、协商、谈判或任何一次沟通交涉时,记录下你们双方共同商定的内容。如果有可能,尽量当众完成记录:当着对方的面,将其说过的话重新表述一遍,以确保对方无法再以"你误解了我"这个老掉牙的借口作为挡箭牌。小心保存所有可以作为证据的文件,因为将来有一天,你可能会需要它们。假如强势者质问你为何做这些措施,你可以表示这样做是为了不遗漏任何细节,同时也是为了避免误会。告诉对方这是你一贯的行事风格。

团结一致

被同一名强势者施加影响的人们应当团结起来！强势者最擅长通过诽谤和说谎制造猜疑或矛盾。避免落入这个陷阱的最好办法是保持沟通，让彼此了解事件的真实情况。如果你感觉自己所在的团体有产生分歧甚至分崩离析的危险，那就尽快化解误会，使大家恢复团结。向你身边的人揭露"破坏者"的行径。这也是为那些最脆弱、最不敢透露自己在这方面感受的人提供支持的一种方式。

在任何情况下都不要让强势者有机会在你的团队中营造尴尬不适的氛围。你可以减少看向他的次数，更多地将目光投向其他成员，以故意降低其重要性。不要回应他的插话或发言，除非其言论与正在讨论的主题密切相关。对于他的不当言论，你要表现出一种无所谓的态度——只需朝对方微微一笑，同时继续自己的讲话。有时候，你也可以用一组逻辑缜密的问题来回击他，以反驳他对你的话语做出的非理性解读。总之，你一定要确保自己的团队不受某位居心叵测之人的操纵，别让团队成员觉得你的可信度还不如一个捣乱分子。毕竟领导团队的是你，而不是那位强势者！

第一时间告知亲友

如果你刚刚在家庭内部、职场或社交场合与强势者发生了激烈的口角或冲突，请务必在半小时内打电话通知你的亲友！争取比强势者先一步给出你对这件事的描述，因为强势者肯定急于给出他的版本（一个添油加醋的版本），从而影响你亲友的立场。

拒绝成为中间人

在许多可能令强势者感到别扭或不自在的场合，他们明明可以自己发出信息，但他们更愿意利用中间人。这一点在强势者想要批评某人或某个组织的时候尤其适用。如果强势者选择了你作为中间人，那你最好表现得自然一些：用乖巧温和的态度说服他们，表示由他们亲自告知对方会更简单、更合适或更可取。

你跟他讲，他至少应该在离开之前把这里打扫干净呀！

好，等我下次见到他的时候，我会告诉他你有话对他说。

区别对待强势者

我们从小被教育要言行一致、说到做到，但这并不意味着我们没有权利拒绝别人。此外，我们也被教育要一视同仁、平等待人，但实际上，我们完全有权只对一部分人示好，完全可以只把自己的联系方式提供给强势者以外的人。如果有强势者批评你不一视同仁，那你可以大大方方地表示自己就愿意这么做，让对方明白，你想怎么做是你的自由，他管不着！

谨慎应对奉承话

如果强势者极力恭维和吹捧你，那多半是为了赢得你的好感。听到赞美之言总会感到愉悦，不是吗？然而，恭维奉承与赞美颂扬不同，前者是带有目的性的。除了为了煽动你做某件事，强势者更想让你成为其盟友，但仅仅是暂时的盟友。请记住，他们今天的朋友不一定明天也是他们的朋友……因此，对于强势者的奉承话，你最好展现出一副毫不意外的样子，简短表示感谢，然后一笑置之，不要表现出过度的愉悦。不用去质疑对方言过其实、夸大其词，能看透对方的套路才是最重要的。

惹不起，躲得起

为使自己免受强势者的伤害，最终极的策略可以总结成一句话：珍爱生命，远离强势者！你接触他们的次数越少，你的精神状态就越好。无论你用何种方式远离他们——委婉巧妙也好，简单粗暴也罢，这都不重要。你没必要郑重其事地召集大家，公开宣布自己要退出群体或与强势者断交。不要去与强势者讨论或争辩，因为这是毫无意义的，你的解释会被立刻推翻，而你最后只会感到羞愧沮丧、尴尬狼狈。对于这类让你吃尽苦头的人，你没必要再彬彬有礼、客客气气的了。让痛苦就此终结吧！别再让自己沦为强势者的目标。

下篇结语

每个人的生活中都会出现强势者。尽管如此，你也不该因为他们的存在而对自己遇到的所有人都无缘无故地产生怀疑。相信你的直觉和情绪，必要时为自己敲响警钟。越早发现强势者病态的一面，你就能越快根据自己的目标来制定合适的应对策略。

需要小心的陷阱是，强势者会利用你的思维模式和个人信念实施影响。这方面还需要你自己多加努力，以减少他们给你带来的消极影响。鉴于强势者不会改变，你必须迫使自己做出改变。你的目标很明确：在不刻意制造冲突的前提下保护自己。羞辱、贬低他们或试图令其感到惭愧是没用的，主动制造不和或强调你作为受害者的身份也无济于事。不过，即使你苦口婆心地跟他们解释其心态和行为是不道德的、难以忍受的，也起不了什么作用。到头来，他们还可能反唇相讥，指责你才是强势者。所以，你必须保护自己。想象一下，你面前有一头饥饿的熊，此时向它解释你是素食主义者并且无意伤害它是毫无意义的，你该做的是想方设法尽快逃跑！

目前，我们还不知道该如何培养变态自恋者的同理心，不知该如何让他们学会尊重他人。心理治疗师和医生也不太可能在短期内做到这一点，因为这类强势的人不会主动接受治疗。即使你心中有爱，也无能为力。爱无法从根本上改变一个变态自恋者的性格。相反，他们会毫不例外地践踏你的快乐和幸福。所以，你一定要拿出决心，千万别让自己被摧毁，别给任何人这样的机会。鼓起勇气捍卫你的自由！

致　谢
ACKNOWLEDGEMENT

　　我要衷心感谢的第一个人是我的出版人埃米莉·蒙格兰。在整个再创作的过程中，她一直陪伴着我，给予我极大的支持。本书是我第一本畅销书的图文典藏版，但其制作对我而言却远非轻而易举之事！感谢埃米莉愿意毫无保留地为我提供专业的指导和建议。当然，她给我的帮助远不止这些。在我偶尔感到精疲力竭或失去信心时，是她对该项目的耐心、热情、坚持和奉献精神鼓励了我。埃米莉，我很庆幸能有你这样一位珍贵的合作伙伴！

　　然后，我也要特别感谢时任出版集团总经理的朱迪思·兰德里和文学总监伊莎贝尔·塔迪夫，是你们让我有了尝试制作一本插图版书籍的想法。感谢你们对我的信任，但愿我没有辜负你们的期望。

　　我邀请了索菲·兰布达来为本书创作插画，她欣然接受了。她的漫画作品《永别了，爱情》让我发现并认可了她在绘画方面的天赋。在与她合作完成这本书以后，我可以很肯定地说，我果然没有看错人。谢谢你，索菲，我很喜欢你笔下的人物！

此外，我也要感谢艺术总监罗克珊·瓦扬，还有负责版面设计和图文编排的美术设计师克里斯蒂娜·埃贝尔。克里斯蒂娜，我很欣赏你的创造力以及一丝不苟的工作态度。

我要向西尔维·特朗布莱和法比耶娜·布歇致敬，感谢她俩为本书的语言质量把关。

公关主任弗雷德里克·格勒努亚，以及我的新闻专员瓦莱丽·吉博、梅利克·梅纳塞、弗朗索瓦丝·布赞和韦罗妮克·马龙已经为我之前出版的几本书做了大量宣传工作，我要谢谢他们即将为本书的推广做的同等努力。

最后，我要感谢由了不起的埃莱娜·墨菲领导的巴黎团队。埃莱娜，我感激并敬佩你多年来为我的项目所进行的持续高效工作。

再次感谢 L'Homme 出版社驻蒙特利尔和巴黎的所有团队成员的工作效率和极度热情。

我始终为身为这家大型出版社的一员而感到庆幸。我的成就也属于你们大家！

版权声明